人力資源管理

僱傭關係與組織競爭力

A Very Short Introduction

Human Resource Management

ADRIAN WILKINSON

亞德里安・威爾金森
著

林金源
譯

獻給艾琳和艾丹

目錄

誌謝

我要感謝Tony Dundon、Stewart Johnstone、Chantal Gallant、Brad Bowden和Alison Howson的付出。

感謝艾琳・威爾金森對我的研究支持。也要感謝艾丹・威爾金森和Joanne Dolley好心地閱讀草稿並提供回饋。

還要感謝牛津大學出版社的Jenny Nugee、Matthew Coton、Luciana O'Flaherty和Christina Fleischer。

第一章

何謂人力資源管理？它為何重要？

人力資源管理（Human Resource Management，HRM）並無普遍公認的定義，簡單地說，是關於雇主與受僱人之間的關係，以及如何管理這個關係。人力資源管理涵蓋人員管理的所有層面，包括工作條件，還有當我們替某人工作或僱用某人替我們工作時，如何做出與工作有關的決定。值得注意的是，一般受僱人將會花費八萬個小時在工作，比一生中可能花在其他任何活動的時間還要多，也就是說我們與同事相處的時間比家人更多。因此，「管理我們的工作生活」幾乎是影響每一個人的主題，並且對整體社會產生重要的衍生後果。

布賴森與麥克科隆（Bryson and MacKerron）近來的研究發現，支薪工作的排名低於人們常從事的其他三十九項活動，臥病在床除外（第八頁表格一）。工作的幸福感取決於：你的工作場所（在家、辦公室或其他地方）、你的工作是否結合其他活動、你是否與別人共事、你何時工作，以及個人和家庭特性。工作的幸福感可能部分受到我們自己所做的選擇、別人（管理者）為我們做的決定，以及規範工作環境的公共政策所影響。如果作為一個個體不能完全主宰自己的命運，那麼在一個社會中我們卻有選擇的權利。

人力資源管理是關於僱傭關係中的人員管理。簡言之，如果我們替某人工作並支薪（獲得酬勞），我們就是處於僱傭關係。雖然某些工作是日復一日的苦差事，但並非人人都用負面的觀點看待工作。人們可能喜愛工作本身，或者享受他們所能付出的貢獻，他們也可能樂於成為工作場所裡的一份子。舉例來說，贏了樂透彩的人往往會繼續工作，即使他們不必賺錢謀生。

沒有簡單的科學法則（但有僱傭法）可適用於人力資源管理，因此許多事情取決於背景。然而，人們不僅彼此相異，而且在不同時日的態度和反應也不相同，使得人力資源管理令人感到著迷和挫折。這讓人想到「牧貓」（herding cats。注：形容試圖管理一群難以控制或難以共同工作的人）這個慣用語。人力資源管理的情況難以預測，不像物理學定律那樣。管理大型製造廠的員工不同於經營街頭小店，在商業銀行任職也不同於在碼頭或醫院任職。

表格一　布賴森與麥克科隆的常見活動排名

親密行為，做愛
戲劇，舞蹈
運動，健身
唱歌，表演
閒聊，社交
走路，遠足
打獵，釣魚
喝酒
嗜好，藝術
冥想，宗教活動
運動賽事
照顧小孩
照顧寵物
聽音樂
遊戲，猜謎
購物，替人跑腿
賭博，打賭
電腦遊戲
吃東西，吃點心

烹飪，準備食物
喝茶／咖啡
閱讀
聽演講／播客
洗衣，穿衣，打扮
睡覺，休息，放鬆
抽菸
瀏覽網站
簡訊，電子郵件，社群媒體
家事，自己動手做（DIY）
旅行、通勤
會議、研討會、上課
行政、財務、管理
等待、排隊
照顧或幫助成年人
工作、研讀
臥病在床

（John Wiley and Sons © 2015 Royal Economic Society）

同樣的，如何管理人力資源也因國家與文化而異。舉例來說，美國人比歐洲人更講求個人主義，在歐陸的人們傾向於用更社會和集體主義的觀點來看待事情。在日本，年齡、家族和榮譽是重要的事。這對人力資源管理有言外之意。如果個人幹勁和能力被視為成功的關鍵，組織可能就會規劃出有利於此的營運方式。如果更著重於透過集體的努力來達成任務，營運方式很可能就會由此方向來規劃。

立法和其他形式的規章會因國家不同而有極大的差異，制度上的安排（法律、規定、慣例和執行方式）亦是如此。舉例來說，在美國，「任意僱用和解僱員工」說明了他們對待員工的方式可能不同於德國，後者的法律與規定讓裁員以及開除員工變成比較緩慢且更深思熟慮的過程。由此可以看出造成誤解的因素，尤其當跨國公司基於最佳營運方式，而將自己的設想和制度帶到世界另一端時。不同的制度背景也有助於解釋零時契約（zero hours contracts。編注：雇主沒有提供員工充分工時的義務）或零工經濟（gig economy。編注：承接短期工作為生）

的不同盛行程度。

人力資源管理開始於何時？工業革命是創造現代管理的熔爐。在蒸汽機的驅動下，新的思維模式伴隨著工業革命而產生。的確，運輸方式的轉變是驅動工業革命最顛覆性的變化。便利的交通首先出現在英國的運河系統，接著是汽船和火車，讓人員和資源得以集中，同時將先前受到保護的行業暴露於競爭和革新中。由於當時並沒有專門訓練管理者的商業學校或學院，因此大多數的公司起初是從內部招募管理者，透過委派家族成員或晉升普通員工來擔任此職務。然而，公司逐漸瞭解，儘管技術知識對經營生意有幫助，但其重要性不如整體的管理能力：辨識營運問題、招募和激勵員工、使供給與需求相稱，以及留意競爭對手的創新能力。

英國歷史學者悉德尼．帕拉德（Sydney Pollard）表示，對於擴張中的工廠和製造廠，英國煤炭產業曾是提供管理人員的最大供應者。煤炭產業不僅於一七一二年率先運用紐科門（Newcomen）發動機（世界第一部蒸汽發動機）導入蒸汽動力，其員工數量也遠多於其他地方。典型的煤礦場一次僱用數以百計的員工，而當時大多數作坊只僱用寥寥數人。

由於業主無法妥善管控變得過於龐大的組織，所以交由管理者負責。這不表示這一切都是新事物。有人指出，考慮到大多數組織必須進行協調與管控，因此早在工業革命之前，已有許多管理手段可使用。自從現代管理出現以來，管理的功能、意識形態、實務和理論已隨著時間而改變，但管理的概念和運用在現今社會中變得如此普遍，不僅盛行於以營利為目標的公司，也盛行於非營利單位、合作社、國家機構和要求組織條理的任何社會層面。

雖說早在工業革命之前，人們已在工作，然而是工業革命促成工廠制度的進一步定型和創立。隨著雇主提供工具和設備，並支付工作薪資，由此產生了管理者與工作者的關係。工作者使用薪資報酬來取得維生所需的物品（食物、住房等），而不是耕作所居住的土地來維生。同樣的，他們先前與地主之間較為個人化的關係（不表示沒有剝削），被「雇主與受僱人之間比較非個人的關係」給取代，此時的管理者並非業主，而是一群核心專業人士，日後他們將成為管理部門。管理者負責僱用和開除人，並安排和指揮工作的進行。

最初的工廠（英國詩人威廉・布雷克〔William Blake〕描述為「窮凶惡極的工廠」）變得制度化。當產量達到更大的規模，雇主建立工廠和安裝機器，利用市場和技術帶來工作機會。他們需要新類型的勞工——要比前工業時代受過更多訓練和識字的勞工。在人人都使用自己雙手當工具的時代，個別工人何時開始動工幾乎沒有差別，然而，當機械化生產被引進時，所有人都必須按照同等精確的時刻表工作。起初，機械化作業僅限於棉花紡織，以及機械化程度較低的羊毛紡織。隨著競爭日益激烈，雇主把手工編織帶進工廠，希望透過更多管理以增進產量。早期的工廠確實曾大量僱用來自孤兒院和救濟院的兒童，但這只是生產過程中的短暫階段。隨著資本化程度越來越高，雇主開始僱用識字且更熟練的工人，以達到更高的生產力，因為兒童缺乏效能和難以訓練。這正好與人道關懷推動立法禁用童工同時發生，因此到了一八五一年，大多數兒童不再到工廠工作。

當生產力飆升，批發和零售價開始暴跌。一八六〇年，一公尺長的布可以用一七九〇年價格的百分之十三購得。這不僅使布價變得便宜許多，也迫使技術持續創新，以彌補不斷跌落的價格。工廠老闆也需要以相當不同且更有系統的方式，思考如何招募工人和給薪。但這時的工廠不是我們現今認定的工廠，至少不是西方工業化國家的工廠。它們是骯髒、吵鬧、一團混亂且危險的場所。工廠制度在工廠內外造成大量社會問題，而且生活條件極差。因此，勞工問題產生連鎖效應，造成更廣泛的社會問題。

伊莉莎白・蓋斯凱爾（Elizabeth Gaskell）在她的小說《北與南》（*North and South*）中，以虛構的工業城鎮米爾頓（曼徹斯特的寫照）為設定背景，女主角經歷了糟糕的工作（和生活）環境。規範生活的是工廠的時鐘而非季節或天氣（畢竟時間被視為金錢），塑造出資本主義文化。的確，經濟歷史學者大衛・蘭德斯（David Landes）主張，鐘錶比汽船能更有效推動西方世界的經濟發展。工廠老闆發放錶給準時的工人，而工人帶著自己的錶去上班，如此一來便無需依賴工廠的時鐘。這解釋了為何某些文化中有退休送錶的傳統，因為屆時你的時間屬於你自己了。

從上述的內容，我們看見人力資源管理的萌芽。十八和十九世紀為勞工爭取福利的早期運動，是受到人道主義、宗教、博愛精神加上商業動機所驅使。工作開始受到規範，先是限制工廠任用童工，然後限制工作時數。有些雇主採取創新的方法，例如羅伯特．歐恩（Robert Owen，威爾斯慈善家和社會改革者），他創辦一座紡織村新拉納克（New Lanark，鄰近格拉斯哥），秉持身為大家長的原則，他設定每個工作日工作八小時的目標，還配合口號：「八小時勞動、八小時娛樂、八小時休息。」

吉百利（Cadbury）家族（貴格教派實業家）於一八九〇年代建造伯恩村（Bournville，位在伯明罕外），設置他們的可可和巧克力工廠，給予員工優渥的薪資和工作條件。吉百利公司還引進工廠委員會、退休金制度，並提供休閒公園和醫療服務。組織開始逐步提供工作場所的便利設施，例如醫療保健、宿舍和圖書館。同時，專司人力資源程序（例如僱用、發薪和記錄保存管理）的人員和部門開始出現。

但如果我們能察覺早期管理的萌芽，大多數人會將腓德烈．溫斯洛．泰勒（Frederick Winslow Taylor，美國工程師和顧問）視為二十世紀初期現代管理的奠基者。泰勒發展出「科學管理」的概念，並主張可透過觀察科學原理和密切監控來達到商業效能。科學被應用於「合理的日工作量」。管理者負起責任，把那些技能純熟的工藝者的經驗法則，簡化為規則、法令和公式，讓技能較低的勞工能夠取代工藝者。管理者指揮他們做什麼、如何做，以及花多少時間完成。總之，管理者負責思考，而員工執行命令。

美國實業家亨利．福特（Henry Ford）採行這些原則，在裝配線上大量製造汽車。而這種制度確實遭遇到動機和士氣問題。一九〇六年，美國匹茲堡某家大型機械廠僱用一萬兩千名男女員工來填補一萬個工作職缺，因為他們必須將員工的流失納入考量。若干年後，義大利汽車工廠也發生相同的事，被僱用的員工人

圖一　《摩登時代》中的卓別林。

（圖片來源：Bettmann/Contributor Getty Images）

數多過職缺的數量。

在卓別林（Charlie Chaplin）著名的電影《摩登時代》（*Modern Times*）中，機器和工廠制度的暴政主宰著工人的生活，這部電影是在諷刺由亨利．福特於一九二〇年代所發展的工廠製程：工人跑來跑去，設法鎖緊他所到之處的螺絲，結果跟不上節奏，最後被吸進機器裡。（圖一）。

儘管泰勒忽略了在效率中「人」的因素，但新興的人事管理學科則積極接納這一點。同一時期經歷了直接管理系統（人員監督、傳統的家長作風和簡單的計件工作制度），轉變成比較複雜的技術管理系統和官僚主義的僱用形式。人際關係學派（Human Relations School）在管理系統中強調員工的重要性，認為他們不只是工作機器裡不可或缺的齒輪，還是具有更大需求和利益的個體。二十世紀之交，人力資源管理的先驅從瑪麗・傅麗特（Mary Follett，美國思想家和政治哲學家）等作家身上汲取靈感，開始提出現代人員管理方法的原則，倡導管理方式朝進步的方向改變，好讓工作場所成為有人性的地方。

第一次世界大戰為人力資源管理提供更大的推進力，增加了對「招募、培訓和獎勵大量員工的複雜系統」的需求。隨著組織變得越大越複雜，人力資源管理受到重視。我們應該注意人力資源管理一詞有不同且令人混淆的用法。人力資源管理可代表三種意義。首先，它是指管理組織裡的人員的統稱用語；在這個意義上，只要僱用人員，就有人力資源管理。第二，它用於指稱特定職務：人力資源管理部門。第三，在學術文獻中，人力資源管理往往指一九九〇年代後管理人員的「新模式方法」，以及「發掘」人是一種策略性資源。

常有人批評，專門的人力資源管理是為了填滿一個龐大的行政部門，而沒有對「管理」本身的策略性目標做出貢獻。所有大型組織都具備人力資源管理部門，由專家負責處理招募、遴選、訓練、人才管理、績效管理、酬賞和僱傭關係。在較小型的公司，這些任務往往由一名資深主管兼任，然而一旦員工人數增加，一人難以應付，通常就會設置人力資源管理部門。在大型跨國組織中，該部門就得處理遍及全球員工的所有複雜問題。

傳統上，人力資源管理被認為主要在處理人員配置問題，而非執行勞動力最佳化。這是一九八〇年代中期新模式人力資源管理興起的背景，該模式承諾發展和利用人力資源的潛力，以追求組織的策略性目標，這個承諾啟發了管理研究者並激勵從業者。

在如今的全球化時代，出現一些因素突顯出人力資源管理的重要性和複雜程度，這些因素包括全球採購、區域貿易協定、勞動標準、文化差異以及由競爭所驅使的創新。當傳統的競爭優勢條件消失，例如獲取資本、受保護的市場和專利技術，公司就開始寄望於管理員工以提高競爭優勢，這包括管理和改進技術、能力及行為。事實上，殘酷的現實是：員工常被視為「需要減至最低」的成本，尤其當組織處於艱困時期。資深主管在可能的情況下，更常設法以資本取代勞力（換言之，投資於技術和自動化工廠，以減少對人員數量的需求），以及設計出著重於遵守規定的官僚主義組織，而非倡導員工的進取心和授權，試圖將員工對績效的影響最小化。

組織往往信奉人力資源管理的花言巧語（「人是我們最重要的資產」），但員工們卻常對此冷眼旁觀。人力資源管理在組織策略中通常被置於次位，而且管理者與實際做事者的傳統區隔持續存在，違背人力資源管理想達成的理想，亦即員工得到授權並發揮自身才能。當員工發現自己的經驗和這句話之間有所差異時，就會對此抱持懷疑態度。

然而，如今我們已經看見有革命意味的事情正在許多組織中發生。無論管理者是否明確承認有在關注人力資源，他們都努力讓員工變得更積極、更投入工作和更盡忠職守，以符合要求和回報組織。這在服務業方面尤為明顯，幾乎與人力資源管理的成長同步。在服務業領域，人力資源管理被認為具有改革能力，從顧客的觀點來看，服務業的員工是一種「產品」（不同於製造業和設計公司，他們追求產品和系統的創新，創造力與效率被視為不可或缺）。

無論是在大學的人力資源管理科系研究室裡，或現實中的工作場所，都沒有一種一體適用的人力資源管理模型。的確，該學科已經拓展到以傳統泰勒學派為主的大型製造業以外的範圍。人力資源管理這個學科擴展到了倫敦紅磚巷（Brick Lane）小型自營紡織血汗工廠，也觸及到加州矽谷的高科技大公司，像是蘋果（Apple）、臉書（Facebook）和谷歌（Google）。因此，人力資源管理包含個人和集體關係、整個人力資源實務與流程、線性管理活動（line management，

注：由最高主管至第一線員工的命令傳達層級），以及人力資源專家、管理者與非管理者的活動。

人力資源管理的歷史與演進，突顯出它長久以來以人為本——關注員工的福祉。如前所述，這種關注在十九世紀職業健康與安全領域的早期發展中明顯可見，而如今我們發現，這種關注反映在追求平等、多樣化，以及工作與生活的平衡。在本質上，人力資源管理聚焦於管理僱傭關係，以及個人與組織之間所建立的暗示或明示的協議。

要兼顧受僱人與組織的需求及利益不是件容易的事。在公司中，不同的人力資源管理角色之間存在著緊張關係，例如在組織中扮演「員工保護者」與「事業夥伴」角色的矛盾，一直是研究中多有爭辯的題目。一九五〇年代，奧地利管理學教授彼得．杜拉克（Peter Drucker）曾開玩笑地說，人員管理所談的盡是無關人的工作和非屬管理的事。半個多世紀後，我們可以說事情已經有進展，杜拉克認為被忽視的事——安排工作和安排做這個工作的人——變得非常重要。

人力資源管理也將員工視為提供績效的**資源**。近來對於人力資源管理的興趣多半集中在個別實務或組合，也就是承諾提升生產力的配套（bundles）。人力資源管理著重在讓員工的能力和動力有效發揮的個別實務，例如：招募和遴選，以確保最優秀、最聰明的人才進入組織，滿足組織的需求；透過訓練和發展來培養員工技術；用績效考核評估工作表現和確認發展的必要條件；績效和薪資管理。近年來人才管理變成一種口號，如果將注意力集中於少數入選者，會對多數人產生引發不和以及打擊士氣的效果，並且傳達出的訊息是：其他人缺乏才能，暗示他們沒有什麼貢獻。

許多人力資源管理的研究特別關注員工的需求和他們關心之事（以及他們作為「資源」對組織貢獻績效的潛在價值），也有研究聚焦在**管理**層面，包括人力資源職務改變時的角色、組織方式與專業化，當人力資源職務從解決員工問題的行政和事務性需求，轉變到承擔更具策略性的任務時，他們必須著重在管理變革和建立組織文化。

僱傭關係具備心理、法律、經濟和政治層面，而且工作調動涉及不平等的雙方之間的持續協商。研究僱傭關係的基思・西森（Keith Sisson）教授發現，此事牽涉管理僱傭關係的制度、決策和進行執行的人與組織，以及相關的規則制定和結果。制度包括法律、習俗和慣例，以及僱傭關係的實際「內容」與「如何執行」程序規則。西森指出，管理者制定規則，而員工被期待遵守規則。

就業法是本書主題的一部分，而僱傭契約確實規定了雇主和員工的權利與責任。簡單地說，員工接受薪資報酬，雇主從而獲得指揮員工的權利，當然該契約從法律觀點來看是雙方之間的平等契約，但這並非事實。

雖說演員和職業足球運動員也許能坐下來針對契約進行協商（或由他們的律師出面代表），但對其他大多數人來說，這些契約是相當標準的，他們並無能力協商改變契約內容。要注意，即便是職業足球運動員，同樣必須遵守契約。舉個有名的例子，克里斯蒂亞諾・羅納度（Cristiano Ronaldo，他當時的週薪超過十萬英鎊）曾聲稱，他是被留在曼徹斯特聯盟（Manchester United）的「奴隸」，而他想轉到皇家馬德里（Real Madrid）。我們全都是「薪水奴隸」，只不過有些人的薪水比其他人高。

另外值得注意的是，契約中的某些權利和責任甚至延續到正式離職之後，例如限制性契約、保密協議、禁止招攬和禁止挖角條款。舉例來說，銷售人員不得在離職時帶走客戶，還有資深主管在一段時間之內不得替競爭對手工作。

簽下契約後是需要有實際作用的。就算是鉅細靡遺的契約也無法設想所有可能的情況，以及每個人在每天每個時候會做的事。當管理者試圖指揮當值的員工時，面臨到的不確定性就是需要不間斷的協商。因為員工是人，並非一個商品，所以任何工作的完成都是人們有意願為之。這導致工作分派和工作步調進一步引發緊張關係與困難，以及較廣泛的控制問題。控制邊界（frontier of control）是一個有用的概念，你可以將它想成一條不停重新協商的線。正像事情會隨著時間變遷，這條線會因習俗和慣例而改變。但同樣的，這條線會每天彎曲，成為這種協商過程的一部分。

新冠疫情改變了在家上班的規範，員工在許多情況下不願意回到那個僵固和缺乏彈性的舊常態。有些組織不得不重新協商出一個新常態。不確定性的問題導致了像是「缺乏工作熱情」或「按章怠工」（work-to-rule，譯注：指員工只做工作契約上載明的事），這樣的術語已成為職場語言的一部分，而且早在員工參與感的概念變得普遍流行之前就已存在。

遵守命令也可能造成混亂。在捷克作家雅洛斯拉夫．哈謝克（Jaroslav Hašek）的著名小說《好兵帥克》（*The Good Soldier Švejk*）中，完全聽命行事（按字面意義接受命令）的士兵帥克，他在奧地利軍隊中造成大亂，並暴露出軍人的愚蠢（其概念類似於小說家約瑟夫．海勒〔Joseph Heller〕的《第二十二條軍規》〔*Catch 22*〕中信奉的概念）。這部諷刺作品表面上是針對原本設計用來組織人員的軍隊官僚制度，但真正且實際諷刺的目標是現代社會、我們複雜的結構和掌權者，他們規劃事情，卻不太清楚這些事情會造成什麼結果，或如何影響一般民眾。

不出意料，「沒常識地工作」也變成職場用語之一，正好反映出這點。的確，人力資源管理的關鍵問題在於由誰執行。雖說人力資源管理部門可以規劃政策（在高層管理者的指示下），但人力資源管理是由直屬主管（line manager）負責執行，要求直屬主管嚴守規定，這可能會讓他們與人力資源職務之間產生緊張關係。

考慮到僱傭契約的不完整，所有員工顯然都擁有某些「內隱技術」（tacit skills），換言之，員工們一生中累積出來的知識和經驗，這些東西通常極難寫進契約中，或以其他方式編寫成典。內隱技術常見於許多方面，例如在不同情境下與人交涉的能力。有些技術可以藉由觀察別人或閱讀而加以仿傚，但有些技術必須透過實際操作，或做類似的工作來學習。然而，重要的是這些技術和屬性實際上遠超過「簡單的常識」。

在本書中會處處看到一個重點：僱傭關係是一種交易過程，但這是不平等權力關係中的政治交易。它往往被稱作資本與勞力之間的權力不對稱，簡單地說，生產的所有權、求職者的過度付出和透過法律賦予管理者的權利，造成了一個不勻稱的遊戲場。有些受僱人比其他的擁有更多權力（足球運動員的權力多於建築師，不過特定建築師可能擁有極高的討價還價權力），但情況可能隨著時間改變。受僱人可以透過工會團結在一起，去爭取更好的條件和環境。雇主可以移動資本（工廠等等）置於他處，這是受僱人難以做到的事。

我的許多文章都包含了一個觀點：僱傭關係是擁有共同和分歧的利益。也就是說，雙方擁有確保組織運作良好的共同利益，如此一來，受僱人得到薪資報酬，雇主的獲利也令人滿意。然而，雙方還存在著分歧的利益。簡單地說，雇主可能想要以最低的價格買到勞動力，而受僱人想要以最高的價格販賣自己的勞動力，結果便產生利益衝突。因此，我們最好要明白僱傭關係是一種動態關係。所有這一切引發出「用工作成效討價還價」（effort bargain）的問題：身為受僱人的我，要如何花費我的努力從雇主那裡獲取相應的薪資？照道理來說，我會想著要花費最少的必要努力來保住自己的工作——幹麼更拼命工作呢？

就像美國前總統隆納・雷根（Ronald Reagan）說的：「努力工作或許不會要任何人的命，但何必冒險呢？」的確，許多人死於工作過度，日本人甚至有一個描述用語：過勞死。事實上，員工們時常一起試圖控制整體的工作量，以確保沒有產量超標的個人比別人更努力工作，造成其他同事的壓力，或威脅到他們的工作，這是利益衝突的另一寫照。近年來，人們總是在談論，有必要想辨法讓員工自願付出，不靠強迫的方式或許能找到好策略來引發員工的自發性努力。

人力資源管理能讓工作變得不那麼剝奪人性（或更人性化）——至少在更合乎道德或公平的情況下，藉由多元和包容的方式來實現這一點。新冠疫情引發了一連串的問題，例如新工作場所是什麼樣子，以及人力資源管理如何幫助創造更好的工作生活呢？

第二章

人力資源管理：策略與績效

當代人力資源管理的文獻多半著重在它與策略的相關性。在較大型的組織以及實質的人力資源部門中，其概念認為：人力資源單位不再負責辦公場所、家具、急救設備、薪資、文具等基本事務，而是轉向一個更新、更重要的領域：發展並利用人力資源的潛力，幫助組織達到策略性目標。

這包括在管理層中占有一席之地且擁有最高權限，而不是讓人力資源成為組織中一個提供緊急服務的部門，被叫來清理決策所引發的後果，以確保沒有人被起訴。在舊的人力資源管理思維下，該部門越低調，表示問題越少。這反映出組織對勞動力問題的關注，而速戰速決的「救火」則被視為是解決此問題的適當行動方式。

有一段著名的引言發人省思，提到以往人力資源部門被視為「垃圾桶」，負責所有其他部門無法處理的任務：

人事管理……在很大程度上是一堆零碎的技巧，沒有太多內部連貫性。人事管理在構思管理員工和工作的職責時，部分是文書行政的差事，部分是處理清潔工作，部分是社會工作者的事，還有部分是為了阻止或解決工會問題的應急處理，……人事管理者通常負責的事情……都是必要的例行工作。然而，我質疑他們是否應該要被放在同一個部門裡，因為他們是大雜燴……既不是一種需要同性質技術來執行工作的職務、或因工作過程結合在一起的職務，也不是透過管理者的工作或業務過程而有明確發展的職務。

自一九八〇年代起，人力資源管理文獻和人力資源管理部門開始談論將策略定為優先事項，以及將人力資源人員視為業務管理人。在這種局面下，人力資源管理部門和負責人事管理的人員成為要角，是幫助組織達成目標時不可或缺的部分。的確，有證據顯示，資深管理階層確實會事先對人員管理的問題進行有系統的思考，但又認為這是組織規劃中相當下游的事。儘管如此，在思考創造和維持競爭優勢的決策時，人員管理將變成更重要的管理問題。

當然，在大多數的組織裡，策略是由不受其直接控制的力量（政治、經濟、社會和法律等）所形塑，這些力量創造了策略的背景。策略可區分為公司策略（組織的全部範圍、結構和融資，以及不同單位之間的資源分配）、競爭策略（組織如何在特定市場中競爭），以及營運策略（不同的層級單位例如行銷、財務，包括人力資源管理單位，如何為更高層次的策略做出貢獻）。

英美兩國的看法著重在股東為首要利害關係人，策略的構思以滿足股東為主，但其他觀點是納入了更大範圍的利害關係人，包括顧客、當地社區、環境、員工和社會期待。人力資源管理必須平衡且結合雇主、員工以及廣大社會的需求，並受到道德和專業基礎的引導。簡單來說，人力資源管理的工作需要有社會合法性。雇主在社會上是一個很廣泛的角色，他們在法律規範中行事、與公民及消費者團體打交道，舉例來說，他們能對社會包容和國民健康的議題做出更廣泛的貢獻。

現代人力資源管理的核心議題是，確保員工承諾和遠離控制。這符合管理風格上所謂的「柔性面向」——共同價值觀、員工和技術。擁護人力資源管理的評論者們認為，只有財務目標是不夠的，還需要一套更寬廣的社會價值觀作為基礎。從廣義來說，新的人力資源管理被認為減少了官僚作風、較不著重管理，更具策略性，與業務目標合更加結合，並大幅度下放給直屬主管負責；員工被視為資產而非成本的概念，是員工承諾的一部分。這種看法暗含的理念是：人力資源管理並非一系列的個別政策，而是一套需要管理的完整系統，適用於所有想要達成預期結果的組織目標。

如前所述，商業策略和人力資源管理歷來不受重視的原因之一，在於傳統上人力資源職務或人事部門從未在策略性發展中扮演非常重要的角色。然而，無論多麼好的策略，都需要成功執行，而這依靠有效的人力資源管理。

光只是重覆「策略」一詞並每隔一段句子就嵌入這個用語，或置於每份文件的前方，並不會讓事情變得具有策略性，而且將人力資源管理（涉及策略）的理想模式與人事管理（例行瑣碎）的描述性觀點相提並論，是一件危險的事。儘管有證據顯示，人員管理在企業規劃中已更加受重視，人力資源管理職責的重要性也跟著提升，但該職務的地位依舊比較低，獲得重視的程度遠不如其他職務（例如財務和行銷），並且往往在商業管理和策略文本中被忽略。

人力資源管理部門的核心問題是，他們可能在組織中占據一個不明確的位置，最常見的是管理階層與員工之間的中間立場，但也因為僱傭關係而遭受質疑。人力資源管理是一種高度政治性的活動，時常難以在商業必要措施和員工福利之間找到平衡點。

要處理這些問題的方法之一，是考慮採行硬性或柔性的人力資源管理。簡單地說，硬性的人力資源管理與「適應度」（fit）有關，因此人力資源就像其他資產，採行低成本的方法可能意味著人力資源管理是在壓榨勞動力。相較之下，「柔性」的方法以「資源豐富的人們」（resourceful humans）和人力投資的概念為基礎。哈佛大學教授理查・沃頓（Richard Walton）出色地總結了這個概念，他表示：「員工被賦予更廣泛的責任，被鼓勵做出貢獻，以及被協助從工作中獲得成就感。」

然而人力資源管理不該只是策略的結果。大多數商業決策都會對人員的管理產生某些影響，但這些影響不必然是策略性決策。隨著獲利的改變，不經思考地大幅裁員是一種反應性決策，並非策略性決策。我們發現，將員工視為商品的組織，他們有非常不同的人力資源管理策略，他們將員工視為商品，著重在控制成本，而其他組織可能著重於品質的差異，他們視員工為需要加以栽培的資源。

我們認為更有效的方法是：將策略性人力資源管理型塑成必要的策略性整合，以及強調員工是資產而非成本的積極管理方法。因此，策略性整合是策略性人力資源管理必要但非充分的構成要素。同樣的，只強調員工是資源，而缺乏策略性整合，也不是策略性人力資源管理。若以無關組織商業策略的方式培養員工，就不是策略性人力資源管理。

相較之下，對於員工管理的「會計」觀點（亦即員工被視為成本）很可能具有策略性，因為這可以透過成本領先而產生競爭優勢，並以此方式進行策略性整合，但在這種情況下，人力資源被壓榨以創造收益，這與策略性人力資源管理將人視為重要資源的本意相去甚遠。我們認為，策略性人力資源管理應當是讓人力資源積極地對組織的目標做出貢獻，而不只是不妨礙現有的商業策略。

當然了，我們發現許多組織不屬於上述任何一類，在這些組織中，員工管理可能沒被視為策略性問題，也沒有整合到策略性規劃中，而且員工也沒有被視為資源。在這個意義上，策略性人力資源管理或許只適用於少數的組織，而在其他組織中，人力資源管理的角色可能更傾向臨時應變、機會主義和被動。

在此考量下，組織需要讓他們的人力資源策略與商業策略相「配合」，以便達到一致性。最適用的實務規劃常被視為特定策略的理想選擇。這包括人力資源實務之間的水平適應（horizontal fit），以及人力資源實務與商業策略之間的垂直適應（vertical fit）。

水平適應確保全體員工收到相同訊息，使人力資源實務有一致性。因此，如果員工長期在職是組織的重要價值，那麼這可能會凌駕於績效敘薪的策略。或者，如果組織極重視員工的意見和尊嚴，那麼當達成績效目標的方式和這些價值觀不一致時，管理者就不應該因為達成績效而獎勵。如果組織著重創新，人力資源在實務上應該要予以支持，減少順從的企業文化，甚至容許有挑戰性的聲音和異議。

目前有兩種具影響力的人力資源模型：密西根模型（Michigan model），該模型強調組織的業務需求與人員管理之間緊密且經過計算的契合。另一種是哈佛模型（Harvard model，由麥可・畢爾〔Michael Beer〕和同事提出），該模型強調多個利益相關者的重要性，並強調作為資源的員工，他們的福祉和業務績效同樣重要。我們一再提醒，過度執迷於績效會造成問題，而企業指標可能會有貶低人性的影響。員工福祉是人力資源管理的一大重要任務，若太親近高階管理階層，可能會失去人力資源職能的寶貴價值與降低對其他利害關係人的關注。

話雖如此，人力資源策略與不停改變的商業策略能「配合」到什麼程度，就和挑選家具一樣，是有待商榷的事。「配合」的相關文獻往往假設管理階層能塑造員工的態度和行為。就這個觀點來看，管理者是主要設計者和執行者。要注意的是，人力資源管理的結果不能視為理所當然。的確，「最契合」是一個相當靜態的概念，在快速改變的世界中或許是個不恰當的比喻。

有些策略專家參考了行為科學的文獻，認為管理策略受到「西洋棋症候群」影響，因為它被視為是一門以智識為基礎的科學，以分析工具和策略分析為主。在下棋時，選擇下哪一步棋在智力上是件複雜的事，但在行為上卻平凡無奇——一旦決定好棋步，要移動棋子很簡單，而且可以瞬間完成。然而，執行或完成管理比思考還要棘手多了，過程也更加道遠險阻（好比攀登聖母峰）。

攀登聖母峰只有兩個可行的起始點，不像西洋棋，在開局時有二十四個起手棋步，到第七步就有一千零九十萬個可能的落點位置。能否成功登頂，不是取決於選擇從哪條路徑出發，而是掌握基本原則，召集和管理合適的隊伍，並且預先思考和處理攀登時的種種情況。這對我們思考組織中的人員很有幫助；無論策略的細節是什麼，一個積極、敬業和組織良好的團隊都有一定的重要性，然而許多員工（包括管理者在內）都沒有意識到這一點。如果此事聽起來誇大，那麼根據麻省理工學院的一項研究顯示，負責執行策略的高階和中階管理者裡，只有不到三分之一的人能列出其組織的三個策略重點。

我們是否需要關心策略和人力資源管理？有一個觀點認為，企業的存在是為了產生利潤而非為了良好的人力資源管理，並且考量到人力資源管理實務在本質上是促進性的，不是獨立活動，而且必須源自公司策略，因此人力資源管理不可避免地就不是首要策略。然而，此處的危險在於，只把首要策略視為「真正的策略」，而其他方面則被當成營運中的附帶事項。這麼做會造成誤導，因為它假定策略只有一個類型（假定真正的策略與產品市場有關），而其他事情不是策略性，就是非策略性，然而更好的方式是要去思考策略的程度。

同樣的，股東觀點將人力資源置於整體企業使命的下游，有人可能會說是在無引導下隨波逐流，但即使在股東模型中（在商言商），考量到人力資源並非獨立的存在，那麼也是有理由把它納入整體策略中來思考的。如果你正在興建新工廠，就像一九八〇年代許多日本公司在英國東北部所做的那樣，在你開始取得土地建廠之前，你必須將工廠所需的技術和該地區的勞動力市場情況列為重要因素（他們就是這麼做事）。

我們需要在兩個不同層面上思考人力資源。首先是執行的層面，有人認為政策之所以能夠成功，一大部分取決於有效的人力資源管理。高層構思的美好計畫最終總是會淪為描繪未來的冗長文件，而這個未來在會議室之外並不存在，除非事情被拿來實際執行。這需要直屬主管參與計畫，既要認同策略，還要具備執行的技能。就拿足球來說，並不是每支球隊都擁有像曼城或一九七〇年代荷蘭國家隊的技術水準。

另外還有一個觀點認為，應該要將人力資源在規劃過程的較早階段納入考量，並且必須影響商業策略，因此人力資源不只是源自企業策略，而是策略的一部分。人力資源的規模會限制所採用的商業策略類型，甚至提供其他可能性。如前所述，如果組織發現無法招募到員工，那麼做出公司遷移的策略性決策是沒有意義的。同樣的，員工現有的技能很可能會限制業務成長。

近年來，人力資源管理和策略議程已聚焦在尋找最佳作法。這不是新鮮事，最早可以追溯到腓德烈．泰勒和科學管理的年代。人力資源管理同樣要找尋到最好的方法。就先前看到的策略來說，最適用的方法是含括組織、勞動力市場、技術、組織規模和結構、全國性企業、就業系統、產品市場和企業生命週期，這些全都是潛在影響因素，想要提升組織績效，並沒有唯一一套理想的方式。

其他人則著眼在策略本身的性質。在市場最頂端運作的組織，其人力資源實務可能不同於在低成本模型中運作的組織，無論航空公司（英國航空〔British Airways〕對比愛爾蘭的廉價航空公司瑞安航空〔Ryanair〕），或餐館（像是豪華飯店麗思〔The Ritz〕對比速食連鎖店麥當勞），即便相同的市場區位，也有不同的方法，從瑞安航空對比西南航空（Southwest Airlines，世界最大廉價航空公司）的例子可見端倪。不同行業之間還有不同的人力資源重要議題，相較於速食連鎖店，在建築師或管理顧問公司裡，員工流動率高更可能造成問題。

一九〇年代，人力資源專業人士終於擁有證據，證明人力資源會對組織績效產生重大影響。有說服力的多項證據顯示，組織績效與一系列相輔相成的人力資源管理實務之間存在著正相關，這統稱為高績效工作系統（high-performance work systems，HPWS）。這些實務通常包括選擇性招募、廣泛訓練、內部升遷、績效考核、工作團隊以及員工參與等實務。高績效工作系統與組織績效之間的正相關，在許多不同國家進行的廣泛研究中都得到了確認。這種具有普遍性的「最佳實務」證據顯示，高績效工作系統的種種作法應該要廣為實施。這個良方似乎在各方面都適用，因為好的人員管理在任何地方都很重要。

美國人力資源學者馬克．哈賽里（Mark Huselid）在一九九六年探討人員流動和生產力的劃時代研究《人力資源管理實務的影響》（*Impact of Human Resource Management Practices*）顯示，高績效工作系統（他列舉了十三種實務）

與較低的員工流動率、較高的收益、銷售量增加以及市場價值之間，有明顯的正相關。

這種新的人力資源管理典範與現今的概念相符，現代組織注重的不是讓員工更賣力工作（壓榨血汗），而是更聰明地工作，運用他們的腦力、知識和技能，而非用蠻力和長工時來競爭。因此，組織應該在人身上投資，以產生最佳成果。當西方國家面臨來自新興工業化國家的競爭時，他們不得不從簡單的成本競爭轉移到創新和品質方面來競爭，這就需要進行人力資源的投資。因此這些概念與新競爭方式的需求完美結合。

這些概念很大一部分來自美國，源自於他們憂心產業衰退和試圖改善各個部門，特別是具備高技術的製造業。然而，隨著時間的推移，這些人力資源管理的訊息和模式擴散到其他行業，並且傳播到全世界。其核心是配套整合的概念（簡單來說，匯集一系列強化的人力資源實務），有助於員工參與和分散化的管理，若只是零散地應用人力資源實務，意味著組織可能會錯失潛在的好處。組織的任務，尤其是人力資源管理者的任務，是為組織找出一個合適的配套措施，然後完成一個高績效的工作系統。

然而，這個建議說得比做得容易多了。首先，哪些人力資源實務應該包含在這個配套中？對此我們沒有決定性的清單，有人列出多達二十八個。最初的經典配套組合出自史丹佛大學的管理學者傑夫瑞．菲佛（Jeffrey Pfeffer）。他列出七項「普遍」的實務：就業安全、選擇性招募、高度的權變獎勵、自主管理型團隊、廣泛的訓練和發展、資訊分享，以及協調階級的差別。這些實務聚攏在一個統領全局的遠程理念下，組織必須對此進行投資才能獲得回報。

這個列表需依其應用背景做修改。舉例來說，菲佛的研究將員工申訴程序包含在重要的最佳實務中，但在某些國家，這只不過是法律規定，並非最佳實務或頂尖公司的做法。的確，世界上某些發展極快速的經濟體缺乏就業監管，往往倚賴於來自其他國家的約聘人員，而且與其要透過紀律處分的程序，可能選擇不續約最簡單。

美國在人力資源管理文獻中的特色很重要，當中對僱傭行為或在歐盟所見的保護措施，限制較少。但組織根植於社會，社會以多種方式影響組織，包括透過法律／嚴格的規定，還有透過文化、行規和最佳實務。組織在國家和機構的脈絡中運作，並且在國家的規則中競爭，這些規則為營運提供了有效的社會認可。因此當他們拼湊出自己的人力資源管理藍圖時，並無完整的自主權。其策略性的方法是在硬性和柔性規則的架構中產生。

雖然關於配套措施的研究證明了它的正相關，但仍有未解決的因果關係問題。這些研究的主要問題在於幾乎未使用縱向數據，所以人力資源實務與績效之間雖有大量關聯性，但我們無法確定這些配套措施一定會帶來更好的績效，因為有可能是：績效比較好的組織擁有較多資源，可以對人力資源實務進行更多投資。英國巴斯大學（Bath University）榮譽教授約翰・普賽爾（John Purcell）發出警告：

人們宣稱，人力資源管理實務的最佳配套措施可普遍適用，致使我們進入一個不切實際的死胡同，忽略了在組織和廣大社群中顯而易見的工作、就業和社會的重大改變。尋找高承諾工作實務的配套措施是重要的事，但同樣重要的是去理解：該措施適用於何時何處，為何有些組織採行人力資源管理，但有些組織卻不這麼做，以及為何有些公司比起其他公司擁有更適合當前與未來需求的人力資源系統。這只是管理員工的諸多方法之一，而所有這些方法都必須納入人力資源管理的配套措施範圍內。

此外，我將在下一章說明，宣揚的實務不同於實際執行的實務，更不用說人們實際體驗到的實務。那些羅列在人力資源策略文件上看起來很棒的先進實務，和員工真實體驗到的相當不同。在組織最高層眼中具有發展性的績效管理系統，在底層員工看來可能是在懲罰他們。人力資源管理者視為清楚表達的文化和價值觀，在別人看來可能是在洗腦。所以我們是在衡量實務的存在，還是在衡量它的經驗？再者，就算數據顯示出存在某種關聯，我們還缺乏相關過程的訊息。學者用「打開黑盒子」來突顯有必要詳細瞭解實務如何影響結果。

總之，我們有投入和產出，但內部運作是什麼？當中為何有某種關係？採用這些能產生績效的特定人力資源實務，有何意義？這些結果透過什麼過程而產生？我們可以複製出一個以相同方法進行績效管理的成功組織，但只是實行相同的計畫不太可能就會產生利益。事情很大程度是取決於它導入的背景、執行的方式、管理者的技能、人力資源提供的支持，以及員工的看法。

美國學者傑伊．巴尼（Jay Barney）的企業資源本位理論，讓我們理解這些概念的基礎。該理論認為，競爭優勢取決於組織是否擁有數量更多、更有價值、稀缺、不可替代的資源，而且這些資源不易模仿。不易模仿是重要的事，否則這些資源可能被複製而降低或消滅優勢。

然而，與組織文化以及人力資源管理實務有關的複雜和微妙之處，是無法簡單地被競爭者移植。人力資源管理政策與組織的「社會架構」之間存在著複雜的互動，包含技能培養、合作行為以及組織具備的內隱知識。從這個觀點來看，有助於我們瞭解為何更多的組織並沒有採行這些實務，並說明了僅是簡單地追隨最新的潮流有時只能勉強觸及組織的表面而已。

但我們需要關注大局。如同紐西蘭奧克蘭大學（University of Auckland）教授暨頂尖人力資源管理思想家彼得．巴克索爾（Peter Boxall）所言，所有組織都需要某些混合的人力資源實務才能做事情，他們需要招募、訓練和獎勵員工。此外，實務的類型會隨著環境背景、部門、組織的競爭策略等等而改變。不妨將尋找配套措施看成「可以識別出最能支持組織目標的實務和原則」。一個適用於所有地方、所有組織的萬能配套措施並不存在，這不令人意外。因此，如果我們（研究者和實踐者）能拋棄這個觀念：「一定有唯一且最好的辦法」，那麼情況可能會更好，如此一來，我們能花更多時間分辨哪種實務組合（或配套）適合哪些組織。

技術的進步已經對人力資源管理造成重大且具有破壞性的影響。現在有許多高度發展的新技術和預先打包人力資源系統的顧問公司，運用精密的線上評估來降低對專業知識或判斷的需求，從而使人力資源部門邊緣化。另一方面，這可能讓人力資源部門從事務性或合規工作，轉變成更集中在運用數據來量化以及管理與績效有關的人員。

現今有能夠持續監控員工和追蹤其績效的技術（例如受雇於亞馬遜和沃爾瑪公司的人）。這種技術不只適用倉庫裡的工人，也包括在外面四處跑的人，例如透過GPS即時監控的送貨員，甚至是在家中使用電腦的居家辦公者。我們全都受到越來越多的監控——不論是專業人士或低技術工作者，不論是在實體地點或遠距工作，無論我們是否知曉此事。似乎獲得高收益並不是透過讓人們更聰明地工作，而是藉由壓榨勞動力以及採用不穩定和不牢靠的就業形式。

總之，策略確實重要，而新的人力資源管理已將策略置於計畫核心。整合、適應性以及匹配的概念主導了討論。但這不只是企業內部動態的問題；組織是社會的一部分，所以一切都牽涉到法律、規定、文化和期待。這些因素創造出組織運作的背景，當然了，組織不僅僅是遵守規則，還能進行遊說和試圖改變遊戲規則。因此人力資源必須在一定範圍內運作，不能只是將答案當成一個簡單的技術解決方案。此外，要服務的是股東還是更廣泛的利益相關者，這在很大程度上影響了企業採行的人力資源管理類型。在尋求策略時，我們必須牢記雇主對員工的責任。

第三章

誰來執行人力資源管理以及如何執行？

人力資源管理實務並非只掌握在人力資源管理政策設計者的手中，也就是資深主管和人力資源人員／部門。無論最高層設計出怎樣的政策，都必須由下面階層的主管來執行，甚至有人力資源部門可以提供支持和建議。此外，這些直屬主管也負責其他營運業務，在他們的優先順序列表中，人力資源管理未必總是第一優先。這對直屬主管而言是一個長期的問題：要在時間有限的限制下，平衡彼此衝突的優先順序。

大量的研究探討了不同類型的管理者角色，區分出中階主管、第一線管理者和監督人，這裡把「直屬主管」作為一個統稱，以有別於資深管理階層。直屬主管執行人力資源管理，對大多數員工來說，他們對人力資源管理的實際體驗是來自於直屬主管，因此有個常見的說法，人們加入組織但遠離他們的老闆。我們必須明白：預期中、實際上和意識到的人力資源實務存在著差距，不可簡單假設它們是同一件事。

因此，在單一組織中，員工的待遇出現偏差（無論故意還是有計畫的），或出現不一致的情況，都不令人意外。隨著對直屬主管角色的更深入認識，管理領域的文獻和實務都開始重新強調員工和他們所扮演的角色。直屬主管不光簡單地執行命令，而是活用人力資源，並在該事務中發揮領導力；他們運用擔任該職務的技能，然而這些技能可能不包含如何有效管理員工。越來越多證據顯示，人際技巧變得益加重要。舉例來說，在醫師訓練中，技術能力顯然是重要的，但醫療工作需要的不只是醫師與病患之間的互動，還有團隊的管理，以確保獲得最佳的診斷和治療。因此，技術和人際管理技巧都需要在訓練中培養起來。

在談實際策略之前，我們應該注意到，由執行長設計並簡單下達給組織的統一管理策略概念，是非常值得懷疑的。策略發展不只是利害關係人和管理職責之間的持續對話，同時，理性看待組織在本質上的多元性，說明了員工和管理部門對於新的人力資源策略可能抱持著潛在的抗拒（和重新協商）。

在做出人力資源管理的決策後，將執行決策當成是人力資源部門的簡單業務，這麼想是危險的，因為直屬主管需要瞭解自己在組織策略性決策與管理基層員工之間的關鍵角色。

在我進行研究的某個組織中發現，除非員工積極去執行，否則制定重大策略性變革的計畫並沒有太大意義。如同某資深經理所說：「關於管理，已有跡象顯示，除非員工達到標準並跟上變化，否則不會達成目標。」

在評估人力資源實務時，我們尤其需要留意人力資源與直屬主管之間的關係。這是一件微妙的事，因為人力資源被批評為過於干涉主義和受制於規定，同時過於疏遠，與工作場所的現實和動態狀況脫節。例如，直屬主管可能有時想要遵守無商量餘地的硬性規定，有時想要有彈性，結果在兩種情況下都沒有被賦予他們想要的權力，因而抱怨人力資源管理。這並不是某位喜怒無常的直屬主管所遇到的特別案例，而是他們在面臨特定且多變的情況下會有的實際反應。

與其為了處理一個難搞的員工而花費許多時間，直屬主管可能會採用不容變通的規定來避開他們擁有的自由處置權，好打住棘手的事情。當要面臨一個冗長且難以進行的談話時，直屬主管承認他們有責任和自由處置權，但卻選擇不使用，寧可（從人際關係和承受壓力的觀點來說）懷著難過的心情和歉意，訴諸某個無商量餘地的人力資源管理規定。另一方面，直屬主管又可能在有硬性規定的情況下，想要動用自己的自由處置權。

在一項關於公職績效管理的研究中，提到一個絕佳例子，第一線主管專注於完成正式績效系統中的必要環節（填寫表單），以此做為他們遵從該系統的證明，但對於需要改進的員工，他們寧可寫正面報告，並將他們真正的看法侷限在與員工的非正式談話中：「我會私下告訴他們……當然，我不能說下屬的壞話，因為這反映出整個團隊和我的工作表現。所以，我在進行考核時通常不會說他們的任何壞話。」

藉由看似遵從組織策畫的系統，這些管理者在不受人力資源部門和高階主管的干涉下，試圖控制他們的工作單位和管理員工的期望。這種作法並非出自特定目的，而是要確保在管理自己的工作團隊時能維持彈性，並讓其他組織成員在績效考核系統中保持快樂。因此，第一線主管需要平衡其他成員的不同要求和期望。在這個情境中，對於人力資源來說，完成一套完整的表單被看作績效成果，而直屬主管也如期完成這項任務。

近年來，直屬主管為人力資源管理實務負起更大的責任，但通常與人力資源或高階管理層合作配合。在某些領域，諸如招募、遴選和懲戒等法規議題，則限制了能下放權力給他們的程度。有幾個問題會影響直屬主管處理人力資源責任的方式，同時影響他們的行為做法，若他們想要有效地執行，就需要讓組織中的高階管理層瞭解並加以處理。

第一個問題是，直屬主管或監督人不一定非常確定高階管理層交辦下來的組織目標。他們通常認為自己處於中間位置，當然，他們確實花很多時間與同事相處，而非和高階管理層相處。所以「他們和我們」可能是指員工和中階管理者對上高階管理者，而非管理者們對上員工。實際距離也創造出一種「他們和我們」的文化，高階管理層與第一線工作場所有一段距離（就像從遠離危險之處對軍隊發號施令），不知道日常的工作量，這可能與高階管理者所認知或認為應該產生的結果完全不同。

還有其他因素會影響到該如何進行管理的觀點問題。從基層歷練上來的直屬主管，他們可能和自己管理的員工一樣具備腳踏實地的想法，可能會對那些受過高等教育且沒在基層待過的管理者抱持懷疑態度。在幾年前的一項計畫中，某位監督人抱怨，這些新進的天真、無經驗的管理者對員工有著理想化的看法，而且認為他們提倡讓員工參與決策、讓員工有發言機會以及其他改善的想法，遠比不上工廠裡的烙鐵管用。

直屬主管可能感覺自己不僅卡在相互衝突的需求和利害關係人之間，並且被壓榨，自己更像是受害者，而非主導變革的人。的確，隨著新的績效管理技術的出現，直屬主管處於更大的績效壓力下，而且他們的自由處置權也減少了，因為他們的上司現在更容易看見工作績效。季度財報被每日財報取代，即便不是每小時更新，也讓主管們感覺受到更緊密的審核。加上現今的員工更會質疑中階主管所做的決定，因此可以清楚知道他們如何感受來自上層和下層的壓力。

有人認為，威廉・懷特（William Whyte）在一九五六年的著作中描述的忠誠「組織人」（organization man，譯注：指完全接受或融入組織目標和價值觀的人），已經被那些在承諾上更謹慎、更加意識到自己的可取代性的管理者所取代。也有人認為，隨著工作要求、技術水準和個人自主權越來越高，中階管理者的角色正在改變，而非被取代。在一項研究中，某銀行分行經理抱怨他們有責無權：

「所以，關鍵是我們在櫃檯遇到的問題無法在櫃檯解決。這些問題必須透過電話和備忘錄來解決，這讓我有挫敗感，也造成我們櫃員的挫敗感。我們正在一點一點地失去以往擁有的自主權，但我們的責任實際上卻在增加。我們承擔責任，卻無能為力。」

他們也因為主導決策的官僚主義而受挫：

「分行中最大的問題之一是總公司的人在決定事情，而你心想，『他們從沒待過分行。』那是全然不同的工作氛圍。在分行的層級執行總公司想出來的決策，這個過程往往令人感到挫折。想出這個決策的人從來沒親自面對過顧客，也沒解決過顧客們提出的問題，一想到這裡就讓人非常生氣。」

其他經理提到在高階管理階層和員工之間當夾心餅乾的感覺：

「我發現在某些方面兩面不討好，因為看見管理方的事，也看見勞動方的事，而身為經理，我必須做的是讓員工保持快樂，或許我自己一點也不快樂……」

高階管理者對未來的願景與中階管理者的態度之間明顯的差距，反映出對於政策適用性在根本上存在著相互衝突的看法。因此中階管理者有時以不全然積極投入的方式，執行著他們認為既不令人嚮往又不切實際的政策。

他們還要面對相互矛盾的優先順序和工作過度問題。要瞭解如何執行政策，必須區分正式政策和營運政策。正式政策是指最高管理階層的正式陳述（口頭或書面）。相較之下，營運政策關係到高階管理階層對政策優先順序的安排，所以簡單來說，我們希望員工把時間花費在什麼地方？在某項工作花較多時間，通常意味著在另一項工作就會花較少時間。如果高階管理層未能做出決定，直屬主管必須弄清楚「實際」的優先順序是什麼，而不是公司「主張」的優先順序。

根據艾德・席恩（Edgar Schein）在組織文化和領導方面的研究，正式政策和企業使命的重要性，遠比不上高階管理者的榜樣，以及他們如何透過薪資和升遷來獎勵與懲處員工。若是公司的價值觀強調福祉和尊重，但主管靠著欺壓員工來完成任務、達成目標，並因此受到獎勵，那麼這些企業使命或許拿來回收當做炸魚薯條的包裝紙還比張貼在總部牆上公告來得有用。

主管（和員工）能識別出什麼是真正的企業價值觀，什麼是嘴上說說而已，有許多研究顯示，生產和銷售目標才是王道。例如，儘管在平衡工作與生活方面的議題受到壓力、不斷變化的公眾與公司言論所影響，但生產力和績效依舊被視為首要的優先順序。

有鑑於此，人力資源工作被當成是一件麻煩的額外工作，所以若是直屬主管不覺得自己有受到上層檢視，他們就會儘快打發完成或甚至予以忽略。如果他們受到上層更詳細的審查，抱持消極態度的主管可能會迅速重新啟用某個舊機制，以此顯示他們一直按照高階主管所期待或要求的來行事；像是頻繁舉辦的公司外出活動日通常在策略（我們討論了事情）、建立團隊（大家一團和氣）和員工參與（他們全到齊了）等方面都達到目標，即使最終沒有產生太多成果，而且常因為一開始就被指示只能積極發言（向前邁進）、不要沉緬於過去的失敗和問題，因而抹煞了這類活動潛在的好處。

負責某項工作的資深員工會假設自己的優先順序與直屬主管相同。他們假設直屬主管有一張清單，而他們的任務是當中最重要的。某直屬主管巧妙地答覆一個緊急請求：「這在我的工作清單中是最重要的。」以此回應他在有限時間內必須平衡所有相互衝突的優先順序需求。

針對醫院進行的一項研究中，管理者肩負廣泛的責任，他們感覺到常態工作已經讓他們吃不消，所以試圖減少人力資源的工作，因為相較於照顧病人，人力資源工作被認為優先順序較低，等到有更多時間時再處理，畢竟總會有更急迫的工作要做，直到上層對他們提出具體要求為止。

另外一個大問題是，直屬主管往往不具備人力資源管理所需的技術和能力，而這卻是高階管理層期望他們完成的部分。在成為主管之前，極少有主管接受過正式的人力資源管理訓練，而且他們通常是在不包含人力資源職責的較低職務上表現良好，因此而獲得晉升。此外，持續的工作壓力限縮了他們去接受訓練。

我意外地升職（笑）。我完全沒有想到（自己怎麼會變成病房管理人）。我在護理部主任要求下，從外科病房調到這個部門。我當時是二級護理師，隔天就擔任2IC（副主管）職務……隔天護士長的太太生孩子，因此他請了陪產假，後來根本沒再回來，所以我就卡在這裡了（病房管理人）。

我在病房工作了幾年，後來成為臨床護理師，負責排班之類的事，當時的病房管理人離開了，沒有別人頂替上來，所以我就從臨床護理師突然開始管理一間病房，可惜護理學校並沒有教我們怎麼做這件事，他們教我如何當護理師，但沒有教我關於預算和人員管理之類的事，所以這真的是我的不足之處……我認為自己算是幸運的，因為有一位良師幫助我確認我需要處理的事，沒有這位良師，我無法待在現在這個職位（護理部主任）。

儘管缺乏經驗和訓練，直屬主管未必熱中於去報名接受訓練，當中有幾個原因。其一是他們往往忙到無法上課，再者，他們認為人力資源管理是常識，第三個原因是，對於人力資源管理工作抱持相當負面的看法。

某家化學公司對人力資源管理工作就明顯存有負面看法，我們得知其由來已久的看法是：「老闆就是老闆，就是厲害的人。」這是工廠主管們深信的想法，他們稱之為「男子氣概文化」，該公司還有這樣的軼事：他們的員工會朝彼此的茶杯撒尿。主管們視自己為「肌肉發達型」，不一定擁有「細膩的情感」。他們認為，花時間去迎合大學畢業生的「理想主義工作者的觀點」，對嚴格管理沒有任何幫助。他們認為員工只想要「索討、索討、索討」，因此他們憂心在管理者眼中所謂的進步的管理，在他們看來根本是「軟弱」的表現。所以，「我們下手輕柔，但也需要使用強硬手段。」

將人力資源管理視為常識的看法，不只是直屬主管的短視觀點，高階管理者也往往樂於忽視專業知識，對物色人才過於自信，不把招募和遴選過程當回事，因為他們覺得自己更在行。

流程圖（圖二）清楚呈現人力資源管理的過程步驟，並說明預期中的人力資源管理政策以及績效結果之間的要點。在接下來的流程圖，我們可以看見預期的

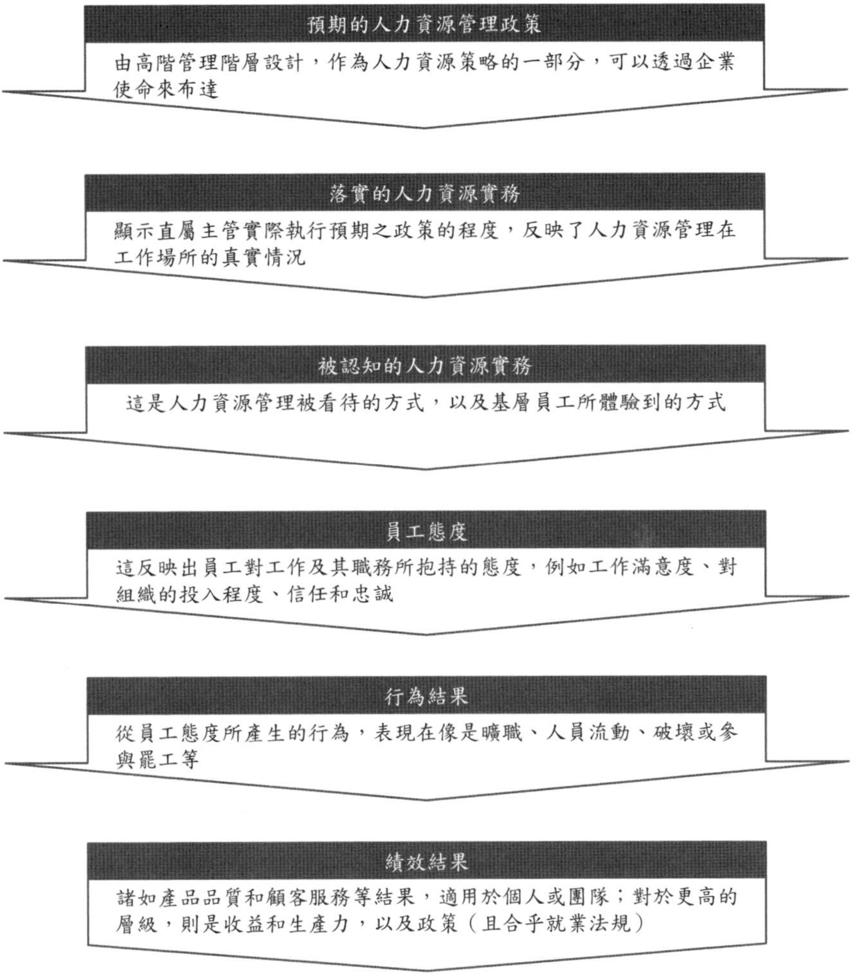
預期的人力資源管理政策
由高階管理階層設計，作為人力資源策略的一部分，可以透過企業使命來布達
落實的人力資源實務
顯示直屬主管實際執行預期之政策的程度，反映了人力資源管理在工作場所的真實情況
被認知的人力資源實務
這是人力資源管理被看待的方式，以及基層員工所體驗到的方式
員工態度
這反映出員工對工作及其職務所抱持的態度，例如工作滿意度、對組織的投入程度、信任和忠誠
行為結果
從員工態度所產生的行為，表現在像是曠職、人員流動、破壞或參與罷工等
績效結果
諸如產品品質和顧客服務等結果，適用於個人或團隊；對於更高的層級，則是收益和生產力，以及政策（且合乎就業法規）

圖二　人力資源管理與績效關聯的圖表。

（圖片來源：Marchington, M., Wilkinson, A., Donnelly, R., and Kynighou, A.〔2020〕, *Human Resource at Work*〔7th Edition〕, Kogan Page, London, reproduced from chapter 13）

政策與實際上落實的不完全相同。的確，人力資源管理政策和實務之間往往存在極大的落差。

在對某家醫院進行的研究中發現，儘管人力資源政策對職場霸凌做出了最佳實務措施，但執行情況參差不齊，因為直屬主管選擇優先考量其他的工作，並將霸凌視為「太困難」的問題。這導致霸凌行為持續居高不下，影響到員工的福利和表現。因此研究顯示，單獨看待人力資源實務會造成誤導，除非有效落實，否則即使是「最佳人力資源實務」最終也不會成功。

如前所述，管理者更喜歡擁有「何時實施規定」的彈性。雖然人力資源管理看重價值觀和政策（確保遵守就業法規）保持一致性，但管理者更注重能透過非正式途徑來應對與管理他們的工作環境。他們無法對硬性的規定進行微調，這減損了他們與員工協商的能力，像是獎勵那些無法給更高薪資的員工或要求員工做額外任務（接下一件棘手的工作、替某位缺席的員工代班等等），例如給他們休假，或者讓他們可以在下午請假帶孩子去看足球。

在這種情形下，直屬主管對於人力資源部門設計用來維持一致性的政策，可能會有非常不同的看法，視其為人力資源運作中的愚蠢官僚主義規定，除了對每個人發號施令，並沒有替企業增加任何價值。因此人力資源管理不能只是制定政策，還必須與直屬主管進行對話，以便瞭解慣例、如何有效落實，以及可能會有的問題。同時，直屬主管也需認清，做出錯誤的人力資源決定會帶來的法律成本和負面名聲。

如果執行新的人力資源策略，員工可能有什麼感覺？如果直屬主管心存疑慮，員工也會是如此。因此，最高層設計的宏大計畫可能會在整個工作環境中傳遞開來，卻沒有太大實質影響，結果導致直屬主管和員工們都對高層管理者的願景感到懷疑。天花亂墜的宣傳本來就會經常改變，長期任職的員工以前全都見識過，知道新的管理者又發起宏大的新計畫，宣揚這是一次偉大的躍進，也方便將以往的經驗從討論中抹去。早期人力資源管理的著作會忽略掉非管理職員工，主要關注在組織的價值，但最近已有修正，大家越來越有興趣瞭解這類制度對員工績效的影響，尤其是與員工福址有關的績效。顯然，我們需要更關注員工對人力資源實務的感知和體驗，以便更瞭解人力資源管理對個人和組織績效的影響。

不管端出如何宏大的願景，以及有著怎樣朗朗上口的字眼和說詞，員工沒那麼容易上當。他們的工作態度會反映出對工作的抱負或驕傲，還有對組織的信任或不信任。員工會對管理層進行理解、評估並做出自己的獨立判斷。他們或許不會抗拒改變，但會抗拒他們認為對自己有負面影響的改變，例如增加工作強度。因此，儘管原則上他們無法挑戰管理行為的「邏輯」，但仍然有能力以其他方式做出回應。員工不會簡單聽信公司的話，也不會像軍人一樣遵從命令。配合可能只是暫時或有條件為之。

我們曾造訪某個組織，一位高階管理者提到「怪物」效應，即員工的服從與擔心失去工作有關。有時人們對職場關係存在著根深蒂固的看法。在這個組織裡，我們得知有一種基本的不信任：「人們被分成工人（勞動者）和工頭（管理者），而且工人不信任工頭。」因此，雖然管理層進行了相當多的溝通，但沒有獲得太多認同，而且被視為安撫。員工接收到的訊息可能不是管理階層以為發送出去的訊息。

員工的態度很重要。有時最好別去打擾有效率、自動自發的員工。一項針對屠宰場工人的有趣研究顯示，這些工人自動自發，而且的確會自我管理，儘管有時會出現令人不愉快的情況（例如互相潑灑血液），但在管理者不過度干預之下，他們的工作表現最好。有時候，較少的管理可能意味著更多，或者至少更有利於提升生產力。

對員工來說，當他們面對自己認為膚淺的管理理念時，會出現許多的行為反應。班．漢普（Ben Hamper）記述他在美國通用汽車密西根州弗林特廠發生的事（麥可．摩爾〔Michael Moore〕的電影《羅傑與我》〔*Roger and Me*〕的故事主題），顯示該工廠為了與日本公司競爭，面臨到提升品質標準的壓力。當時通用汽車有一個名為「豪威麥肯」（howie makem）的貓型吉祥物用來激勵品質，它會在工廠巡視，藉以鼓舞員工生產更高品質的產品。員工反映說要一隻「數量貓」（quantity cat，另一個吉祥物），他們認為這更能準確代表通用汽車的價值觀，於是「數量貓」正當地趕走了「豪威麥肯」。

員工報復管理階層造成更大損害的例子，可見於一九九〇年代的英國航空爭端，此事涉及到機組員的成本刪減。在激烈的爭端中，機組員被威脅不准罷工，英國航空的管理者告訴員工，罷工的人會被解僱，然後索求損失賠償。不來上班的人會面臨懲戒處分、得不到升遷、喪失退休金權利和三年的員工搭機折扣。有報導指出，英國航空被發現在罷工現場進行拍攝。

隨後的罷工投票有百分之七十三的員工投贊成票，同意展開為時七十二小時的罷工行動。英國航空僱用臨時工和「志願管理者」來執行機場地勤人員的職務，在罷工行動第一天之前，這些管理者打電話給在家的機組員，告知「他們有責任與雇主合作」。按計畫罷工的第一天，只有三百名員工宣布正式罷工，但超過兩千名員工打電話請病假。（類似於在美國所稱的藍色流感〔blue flu，編注：美國一些法律禁止警察罷工，而他們通常著藍色制服〕，警察同時請病假作為替代的罷工形式）。

集體罷工變成集體生病。這場罷工行動代價高昂且慘烈。一份祕密的航空業員工出版品還指導如何拖延飛機的起飛，例如將鴨絨羽毛投入發動機、用強力膠黏住馬桶座，還有給機師下毒：「將飛機醫療箱裡的眼藥水，全部倒進特別討人厭的機長的沙拉或飲料中，讓他遭受嚴重食物中毒的所有症狀。」

一個比較新近的例子出自艾力克斯·伍德（Alex Wood）的研究，描述新冠疫情期間美國超市員工的經歷。儘管這類工作的人員身負重任，卻似乎得不到足夠的尊重，他們遭受到「職場專制主義」的解僱威脅。伍德的消息提供者解釋，主管可以「對任何人為所欲為」，特別是在改變工作時數方面，以此當成一種「彈性懲戒」。排班的權力讓員工需要去籠絡管理者，以求得到更多或更好工時的「排班表禮物」。某位超市員工說：

> 「你會納悶：『喔，天啊，他們會不會更改我的班表，他們會不會

減少我下週的工時，下週我還有沒有足夠的錢付房租？』」

然而，員工會找到報復管理階層的辦法。舉例來說，某位員工偷偷調換店裡的牛奶位置，如此一來，更早過期變質的牛奶被放在冰箱後面，結果造成超過五百英鎊的損失，讓主管遭上司責罵。

這些案例或許比較極端和引人注目，但有助於糾正這個觀念：組織中的每個人對於人力資源管理狀況都抱持相同看法。近來一項針對美國與澳洲的比較研究顯示，管理者比員工更積極，兩國之間最大的差距在於對合作／承諾管理方式的評估。這或許不太令人意外，因為主管的合作觀念可能與員工非常不同，同樣不令人意外的是，研究發現，幾乎在所有量表上關於人力資源管理的部分，高階管理者（雇主）給的分數比員工給的還高。管理者們確實傾向於相信他們是好的領導者且善於溝通（虛幻的優越感原理），然而這項評分不只關係到他們自己，也關乎與員工的關係，對此人們或許會預期看到比較不樂觀的情況。有一個觀點是，人們可能更信任管理者的看法，因為他們較為見多識廣，但另一個觀點認為，人力資源管理只是管理者全部責任的一部分，而且是次要的部分，員工的經驗反而提供了更準確的評價。

在圖二的人力資源管理與績效關聯的圖表最後部分，像是品質或顧客服務的績效結果，這通常最適合從單位或工作團隊的層面來看，因為對於員工如何貢獻己力以提升績效，這是更有意義的衡量指標。所以我們應該留意員工滿意度與顧客滿意度之間的關聯，而不是更遠的指標，例如獲利能力，因為大多數員工對這方面的影響力較小。

在檢視直屬主管如何落實人力資源管理時，明顯可發現人力資源管理過程是複雜且問題重重的，最好是透過多重角度來查看，此外，對於管理層的各個層級與職能之間的不同觀點，以及最高管理階層的使命與一般員工的期望之間的差異，要保持敏感且不足為奇。策略是透過不同管理階層和員工利益相關者的相互作用而產生，並且會因此過程而進行修改。

第四章

管理績效和酬勞

薪酬管理與績效討論通常被視為與工資有關，這的確是人力資源管理的重要組成部分。如果沒有允諾給你薪水，有多少人會繼續留在工作職位上？傳統的觀點將薪資簡單視為預期中的安排，用以補償員工來工作，因此雇主頂多只是支付「現行工資」作為這個以金錢換取勞動力的簡單交易的一部分。然而，如今薪酬和獎勵越來越被視為誘發努力和績效的關鍵槓桿，不僅僅是金額多寡，重要的是如何支付這筆錢。這個觀點就是所謂的「新薪酬」（new pay）方法，是美國管理理論家愛德華·勞勒（Ed Lawler）創造的用語，主張薪資是雇主策略性抉擇的一部分，而不只是反映法律、環境或市場壓力。

以長期觀點看薪資的相關文獻，會明顯發現越來越強調薪資是一種影響公司價值觀和信念的策略性工具，並且影響組織績效。「新薪酬」概念利用薪資來連結商業策略與達成該策略所需的行為。薪資策略被設計用來反映組織的目標、價值觀和文化，而且新薪酬的要點在於找出能增進組織效能的薪資實務。

然而，值得注意的是，雖然許多組織宣稱擁有薪酬或獎勵制度，卻極少寫成書面文字，更少制定頒布出來。儘管此事經常被探討（作為「策略性薪酬」或「策略性獎勵」），但在實際應用中，薪酬真正被用作策略性工具的程度有相當大的討論餘地。

在新薪酬模型中，獎勵制度向員工傳達出雇主對各種工作項目或行為的重視程度。例如，給長期在職的員工提供福利的薪資制度，很可能會將現有企業文化塑造成以忠誠為價值核心的企業文化。在如今聲名狼藉的安隆公司（Enron），某位前交易員曾說：「如果我正要去老闆的辦公室談有關薪酬的事，要是在途中踩住某人的喉嚨可以得到雙倍價碼，我一定會踩住那個人的喉嚨。」如同美國學者史蒂芬・柯爾（Steven Kerr）的著名文章〈愚蠢地獎賞A，卻想要得到B〉（*On the folly of rewarding A, while hoping for B*）中提到的，無論是在與猴子、老鼠或人類打交道時，「這麼說幾乎沒有爭議：大多數生物都在尋找哪些活動可獲得獎賞，然後設法去做（或至少假裝去做）這些事，然後通常幾乎完全忽略未受獎賞的事。」

在設計制度時，去檢視管理階層所理解或假設能激勵人的事物，並以此為基礎，這不失為明智之舉。同樣的，員工需要徹底想清楚他們對於工作的期望，包括報酬在內。最後，獎勵必須奠基在員工重視的東西上，如同經濟學家說的：魚決定了什麼是餌，有時你得問問魚偏愛咬什麼東西。當然，近來我們可能變得比較世故：不是聽魚說的話（牠們可能只會提供自己認為別人期待的答案），而是牠們的行為告訴你，牠們想要什麼。

我們究竟是為了活著而工作，或是為了工作而活著？在近來的某研究中，工作被視為人類幸福感最低的活動之一——只勝過臥病在床（參看第一章表格一）。換言之，工作會耗盡我們的幸福感。的確，在美國常用「薪酬」（compensation，譯注：該字有彌補和賠償之意）一詞來指稱報酬，令人想起其暗含的哲理，說明薪資是對造成傷害的事物的補償——意外事故、死亡或災難。因此，工作可被視為會造成創傷的類似事件，需要補償我們為了賺取微薄的薪水、每日放棄時間任人差使所遭受的屈辱，這是我們這些沒有中樂透彩，或財富獨立的大多數人的命運。

許多關於薪資的研究，從瞭解人的動機開始。歷來有經典的滿足理論和過程理論，前者以人類基本需求為基礎，例如住處和食物，而後者以涉及的心理過程為基礎，這些概念至今仍發揮影響力。科學管理之父腓德烈．泰勒視員工為理性的經濟人，但生性懶惰需要被激勵，因此必須設計按結果論報酬的方案，讓管理階層和員工有一致的利益。然而，這種方法可以自我實現。

如同威廉．懷特指出的，管理者假設員工和機器是被動的動因，必須給予刺激才能從他們身上獲得任何東西。他提到管理者打開機器電源，而對員工則是使用金錢。在這個思維底下的假設是，若沒有金錢或其他方式的獎勵，員工傾向於逃避工作（swing the lead，海事用語，以往的水手會放下錘條來探查水深，但有時只是在水面上虛晃一下就報出一個虛構的深度）。員工是這個過程中的積極行動者，對行動或不行動做出反應，就像俗話說的，管理者假裝付我們錢，而我們假裝在工作……

泰勒的想法並非沒有爭議，人際關係學派發展出「社會人」的概念來與泰勒的「經濟人」形成對照。他們的思想基礎根植於奇異公司（General Electric）霍桑（Hawthorne）廠的著名實驗，此處有三萬名員工在生產通訊設備的裝配線上工作。這些實驗用來檢視生產力與更好的照明之間的關聯。這些早期的研究希望證明生產力會隨著照明的改善而提升，但結果卻讓想要相信越多照明越好的高階主管失望，因為在照明維持不變或暗到看不見的這組團隊，他們生產力也照樣提升。雖然奇異公司的主管們認為這項實驗對他們沒有什麼價值，但參與計畫的人將實驗擴大為研究與休息、工作時數、薪資制度和其他條件（例如室溫、濕度）相關的工作行為。

最初的研究結果被解釋為團結員工、讓員工更投入於工作，以及人們被觀察的效果，這被稱作霍桑效應（「被觀察」這件事會改變你希望被觀察到的行為）。但人際關係學派也注意到，員工對於獎勵計畫的反應，不總是如管理者的期待，他們往往有自己的目標（即使作為一個團體成員），而這些目標與管理階層背道而馳。員工有其他目標，這個概念時常被遺忘。

一九五二年，唐納德・羅伊（Donald Roy）進行了一個著名的參與者觀察研究，證明摸魚打混的員工（限制產量）之所以這麼做，不是因為他們對「管理的經濟邏輯」缺乏理解，而是他們很清楚自己的經濟利益，且視自身的利益有別於管理者的利益。員工團體認為，如果他們工作過度並獲得額外的收入，管理階層便會重新安排工作時數並降低計件工資（piece-rate）。他們利用社會規範來阻止人們破壞工資標準。

其他模型也曾風光一時，而且在論述上具有一定吸引力，即使證明其論述價值的經驗證據並不穩固。例如馬斯洛（Maslow）的「需求層次理論」（圖三），該概念認為人們在滿足了某個特定需求後（生理需求、安全需求、歸屬感和愛、社交需求、尊嚴需求，然後自我實現），就會接著繼續設法滿足下一個更高層次的需求。支持普遍性需求層次概念的證據顯得薄弱，而我們逐步建立起這個層次的證據同樣薄弱。舉例來說，員工可能不只需要更多金錢，也需要更令人滿足的

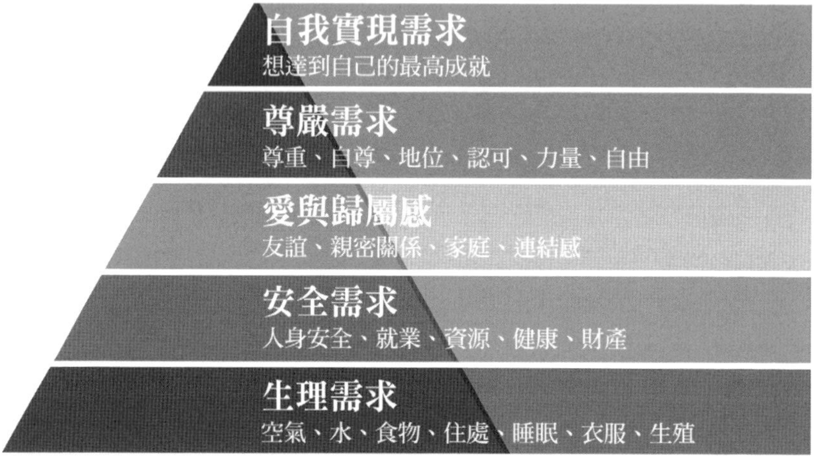

圖三　馬斯洛的需求層次（圖片來源：Plateresca/Shutterstock）

工作。如同艾德・席恩所言，我們必須處理複雜的人，而非經濟人或社會人（原文這麼說），而複雜的人有許多動機，這些動機按照某種重要性等級排列，但這可能會隨著時間和情況的變化而改變。

美國心理學家腓特烈・赫茨伯格（Frederick Herzberg）提出頗具影響力的雙因素（激勵保健）理論認為，滿意與不滿意不必然相關，一個人對工作的某一方面感到不滿意，並不表示他必然感到不滿意。同樣的，如果員工沒有不滿意，不代表必然滿意。與良好感覺有關的激勵因素包括工作本身、成就、責任、認可和進展，而「保健」因素與不好的感覺有關，包括薪資、工作條件和監督。除非滿足了保健因素，否則激勵沒有用。赫茨伯格認為，管理者不需要透過提高薪資、給予更多好處或更新的地位來激勵員工。員工本身想要成功完成某項艱困任務的內在需要就會激勵他們，所以管理者的工作不是激勵員工去達成目標，而是應該提供他們達成目標的機會，如此一來他們就會有動力。

多年後，阿爾菲・科恩（Alfie Kohn）在著作《用獎賞處罰》（*Punished by Rewards*，一九九三）中指出，研究顯示當一個人因外在原因被要求執行任務時，對該任務的內在興趣（即認為某件事情值得去做）往往因此消退。外在激勵的效果不僅比不上內在激勵，還可能侵蝕或排擠掉內在激勵。為了獲得報酬而工作的人，比起不期待得到報酬的人，往往對任務比較不感興趣。根據科恩的說法，當我們為了得到獎賞而做某件事情，會覺得獎賞控制了我們的行為，而這種自我決定被剝奪的感覺，使工作變得似乎比較無趣。

再者，提供誘因也傳達出這樣的訊息：這項任務可能並不有趣；否則就沒有必要賄賂我們來做這件事。科恩指出，關於激勵研究的大部分作品都取材自受控制的群眾，例如學校裡的孩童或監獄裡的犯人，他們的活動空間有限且容易被操縱。即便在這種情況下，透過誘因產生激勵的概念仍有問題，例如學童因閱讀而獲得獎賞（透過在圖書館借書的數量來衡量），引發了具破壞性的反應：借書卻不閱讀。一旦老師因此去檢驗學生讀到的東西，他們便選擇借閱篇幅較短或圖片較多的書。這可能會讓我們思考，如果小孩子能顛覆評量系統，那麼或許有動機的成年人也有玩弄制度的才智。丹尼爾・品克（Daniel Pink）的暢銷書《動機，單純的力量》（*Drive*）重新引發內在／外在激勵爭論，該書強調在創造激勵時，掌控、意義和自治的重要性。

同樣的，我們難以否認金錢的重要性，但這僅僅是指金錢總額嗎？還是相對於他人所賺取的金額呢？錢賺得比我們多的親密同事，往往比錢賺得比我們多的路人，更容易讓我們感到心慌。如果我們更樂在工作又會如何？我們會不會用金錢來交換樂趣？賺錢賺到花不完的人會如何，這跟價值認可有關嗎？活動性、多樣性、地位和社會接觸又如何？這些全是報酬領域的議題。報酬顯然確實包含情感成分。

新冠疫情期間，農夫們憂慮勞動力短缺（缺乏移工所導致），造成農作物的損失，而在地人並不願意長距離移動，因為擔心低薪和工作環境。澳洲副總理麥可・麥科米克（Michael McCormack）設法平衡這些負面看法，呼籲澳洲年輕人到鄉下採摘水果，因為這是「很棒的 Instagram 時刻」。

過去三十年來，我們看見一句口號或誘導性論述：「績效薪給」，這句似乎不證自明，說明那些值得獎賞、努力工作的員工（我們自己）的薪水，應該多於不配擁有的懶惰蟲，或那些花更多時間讓主管留下印象、譁眾取寵而不踏實做事的人（別人）。然而，按績效論酬的概念並不是什麼新鮮事，其旨在建立酬勞與努力之間的連結。此類方案反映出腓德烈・泰勒的概念，他透過時間與動作研究標準化的工作流程，為這類計畫奠定基礎，並認為計件工作能讓員工清楚看到個人的努力與收入之間的關聯。這種敘薪方式流行於紡織業，近年來已式微，不過銷售人員的佣金報酬延續了這個傳統。

《銷售員之死》（*Death of a Salesman*）和《格蘭加里．羅斯》（*Glengarry Glen Ross*）之類的戲劇，在舞台和電影裡描繪出在高壓的銷售環境下的動力。當我們找人來給家裡雙層玻璃窗報價時，看見了這種動力如何在個人層面上發揮作用。我爸媽認為讓三家不同公司的銷售人員在同一個下午過來是聰明之舉，卻沒意識到很難擺脫他們。到了當天下午六點鐘，三位銷售人員全都提出只限今天的特惠價，而且他們的老婆碰巧都是當天生日，最後我那位比較果斷的兄弟開車過來將他們趕出去。

這種激勵結構的盛行，因一九九〇年代英國養老金不當銷售的醜聞而受到重挫，當中的佣金制度被認為是導致問題的主要因素，造成顧客被慫恿買下不符合自身利益的產品，以便銷售員能拿到佣金。面對這個強烈反彈，有些公司叫員工收手，並重新檢視銷售的獎勵。更近來，英國發生支付保護保險（payment protection insurance，PPI）醜聞，發現銷售人員為了追求佣金和替銀行創造高利潤，販售無效的方案給多達三百萬人。二〇一九年在澳洲，銀行業皇家委員會（Banking Royal Commission）揭發「Dollarmites醜聞」，在該起案件中，員工為了業績達標而用自己的錢或銀行的錢替孩童開設帳戶。

有人認為獎勵金（或佣金）更適用於例行性任務，例如安裝擋風玻璃，這是經濟學家愛德華．拉澤爾（Ed Lazear）進行的一項知名研究的主題，當中按件計酬取代了時薪，讓生產力增加達百分之四十。但這麼做也存在著產生非預期結果的風險：達美樂（Domino）在花費巨資處理公司送貨員的汽車事故後，取消了披薩在三十分鐘內送達的保證。達美樂官方說法是，此事並非司機為了達標而開快車的結果，取消這項保證是為了致力於「讓大眾意識到魯莽駕駛的不負責任」。這種明顯的壓力近來也發生在亞馬遜和愛馬仕的送貨司機，以及貨物未送達便沒有報酬的自雇（獨立承包人）送貨司機，他們採取有創意的作法，例如將包裹留在狗身旁，或者將包裹從洗手間窗戶投入屋內。

還有一個關於某人力資源主管的例子，他被要求必須降低部門裡的人員流動率。為了得到紅利獎金，他改變了招聘標準，只找最不可能離職的應試者。他沒有專注在他們是否適合這個職位，而是將問題員工調到其他部門，給不適合的員工五次機會，並改變人員流動率的計算方法。

在警察體系裡，上級指揮官對基層警員布達的目標（晉升與是否達成目標有關），讓警員記錄更少的犯罪，例如將盜竊記錄成「遺失財物」、破門盜竊是「財物失竊」，而破門盜竊未遂是「刑事損害」，以便能達成上級指示的目標。

獎勵是現代管理思維中內建的部分，這反映出亞當．斯密（Adam Smith）著名的話：「我們期望晚餐不是來自肉販、釀酒師或麵包師的仁慈，而是來自他們對自身利益的關心。」

約翰・克雷斯（John Crace，英國新聞記者和評論家）

談銷售和再銷售

一九〇年代初期，我約莫三十五歲，我終於抽出時間來撥存個人養老金。由於我習慣性地不關心細節，因此我幾乎沒有去研究什麼可能是最好的養老金方案，並與我的朋友艾力克斯曾聘用過的財務顧問簽約。一開始的幾次讓我小賺了一些錢，於是我增加了每月提撥的金額，但除此之外，我幾乎沒想過養老金的事。

最近的年度報告單通知我，退休時我每年能領到不足五千英鎊的養老金。在收到這位賣我養老金方案的財務顧問的電子郵件時，我大為驚奇，因為我已經超過二十五年沒和他聯繫過。信中他告訴我，他賣給我的養老金方案可能並不理想，嚴格來說可描述成不當銷售。然而，他已經不再替該公司工作，並到另一家公司任職，他們專門替買下不適當養老金方案的人爭取補償。我會願意讓他代表我去採取行動，索取他當初可能錯誤銷售的養老金方案的錢嗎？

諷刺的是，大多數人認為自己不會對同樣的獎勵產生反應，卻期望別人會有這樣的反應：我只對從事有價值的事感興趣，而其他人的動機則是追逐更多的錢。事實上，研究顯示，讓人們追逐金錢會使他們善於追逐金錢。管理者時常直接訴諸獎勵來作為變革的手段，即使先前的經驗好壞參半，但使用間接手段來改變，比直接面對面的管理更容易和省事。的確，組織會因為員工不滿而想要改變他們的獎勵方式，這一點都不稀奇，但如果他們深入探究，就會發現真正的原因通常與管理不良，或高階管理層本身的問題有關。

美國管理學者傑夫瑞・菲佛對於薪資的一些常見想法，為我們提供了有價值的糾正（參看表格二）。

近年來，關於獎勵的許多討論主要集中在和績效有關的薪資，並且大部分聚焦於白領階級管理者和專業人員。這些討論圍繞在「績效薪給」上，而非按服務或忠誠論酬（例如教師或公務員），藉此來導入更多商業主義。在這些研究中，報酬與績效有關聯，但不是像泰勒那樣粗略地和產量相關，而是透過許多具體目

表格二　關於報酬的迷思

迷思	事實
勞動費率和勞動成本是同一件事。	兩者不是同一件事。勞動費率是薪資除以時間。勞動成本是公司支付員工多少工資以及他們生產力的計算。因此，德國工廠員工可能被支付每小時三十美元，而印尼員工三美元，但員工的相對成本反映在相同時間內製造出多少產品。
你可以藉由減少勞動費率來降低勞動成本。	勞動成本是勞動費率和生產力的函數。為了降低勞動成本你需要考慮這兩者。的確，有時降低勞動費率會增加勞動成本。
勞動成本在總成本中占很大比例。	勞動成本占成本的比例會因產業和公司的不同而有極大差異。
低勞動成本是一項有效且可持久的競爭武器。	取得競爭優勢的最好方式，是透過品質、顧客服務、產品、過程或服務創新，或技術領先。
個別的獎勵性報酬能提升績效。	個別的獎勵會損害個人和組織的績效。許多研究清楚顯示，這種形式的獎勵會破壞團隊合作，鼓勵短期專注，並讓人們相信薪資與表現無關，而是和「對的」關係以及討人喜歡的個性有關。
人們為錢而工作。	人們確實為錢而工作，但也為生命的意義而工作。

（哈佛商學院出版社許可使用）

標加以衡量，例如顧客滿意度或交付情況。這種做法在公共部門變得更加明顯，而且與新公共管理的概念有關，此概念包含灌輸私人企業的紀律。此外，這已變得無所不在，即使是在報酬模式更為普遍的國家也是如此，例如日本的年功制。這是一個有趣的問題，在價值觀與西方世界截然不同的文化中——特別是那些更集體主義、以團隊或群體為導向的文化，是否以及該如何實施與績效有關的薪酬制度。

「績效薪給」之所以普及，有一大部分原因和其名稱的說服力有關，就像英國和美國的其他概念，例如高績效工作系統（參看第三章）——誰能反對像績效薪給這種看似常識的東西？關於它正面影響力的有限證據又該如何解釋呢？有一個問題是可預料到的：績效薪給創造一種應得權利的感覺，因為「如果我做得好和努力工作，我應該得到更多錢」。如果沒有得到更多錢，就可能讓人失去動機。人性也是當中的一個因素：當人們覺得自己的表現高於平均水準（作為駕駛、情人、配偶和員工），便會產生「烏比岡湖效應」（Lake Wobegon effect，一種假像的優越情結），如果沒有獲得預期中的回報，結果就會感到失望。

有人認為，任何的成功可能與激勵效果、達成目標和獲得更多金錢的關聯性較少，而是和績效管理層面有更大關係：員工重視個人發展、設定目標，以及與某位良師談論工作機會，是這些事情促使行為發生改變，而不是受到獲取更多金錢的願景所驅使。

另外也存在著如何判斷績效評估，以及種種可能在不知不覺間產生的偏見問題。在史蒂芬・史庫倫（Stephen Scullen）與同事的研究中，評估者特質效應（idiosyncratic rater effects，個別評估者的感知特殊性）占了一半以上的評估差異，而實際績效只占了百分之二十一的差異。因此，績效評估測量不僅僅是被評估者的表現，更多的是評估者的獨特評分傾向，簡單地說，評估透露出更多評估者的特點，而非被評估者。

績效評估是人力資源管理的核心，其中績效被視為更廣泛審查和整個組織運作的一部分。績效管理應該透過衡量與個體發展，將策略、績效目標和標準結合起來，而績效考核是這個過程的一部分。績效考核有許多目的，包括評估、接班人計畫、發展、激勵和稽核，而這些多重的用途創造出問題，因為它們可能相互衝突。舉例來說，如果績效考核是關於評估（可能包含獎金），人們就可能會傾向隱藏缺點。如果主要是與個人發展有關，那麼要改進之處正是需要被提出討論的部分。

績效考核經常被認為是一種談話，但關於個人發展的談話，會讓我們處於一個和被評價以及被評分截然不同的心理狀態。如果有排名次和等級，就會干擾整個過程，鼓勵人們想辦法看起來更好，而非變得更好，焦點變相為評分排列等級，有鑑於此，員工不太可能公開討論績效問題。此外，評分的審核往往是回顧過去，可能會忽略未來的發展需求。評分的意外結果是，員工執迷在獲得好的評分，主管對於大家如何看待自己給的評分感到緊張，而個人發展的見解在談話中消失，但這才是真正的價值所在。

許多考核制度不再被主要利害關係人信任，被視為官僚主義、昂貴、耗時和令人厭惡的過程，只是為了滿足人力資源功能而實施。諷刺的是，這個過程往往基於想要這麼做的人：被評估者為了他們的主管而做，主管為了他們的上級管理者而做，管理者為了人力資源部門而做，而人力資源部門本身卻不那麼熱中。主要目的通常是為了「完成它」，衡量成功的標準是「每個人都完成這個過程」，而不是為員工或管理者提供價值——這點很少被評估。值得一提的是，有些組織表示，他們實際上更有可能對沒有填寫考核表格的員工採取行動，而不是對表現不佳的員工有所行動。

如同在書中提到的，日常的人力資源管理實務不是由人力資源部門或高階管理者執行，而是由直屬主管負責，績效考核也是如此。這些主管需要和他們的員工維持良好關係，所以會有分數膨脹或許不令人感到意外。我們能理解他們的想法：某人為公司拼命工作了一整年，結果發現他的績效僅是「符合」要求（又稱為平均水準），這會讓人無法對主管或組織有太多熱情或投入，所以評分往往被精簡，結果變得更高。為應對這種情況，組織開始採行強制分級系統，讓一定百分比的人被置於某個評分類別。

有些組織以「排名和解僱」制度而聞名，這種制度在傑克．威爾許（Jack Welch）領導的奇異公司流行起來（在媒體上較為知名，但在採用該制度的公司中不太受歡迎），安隆公司也使用這個制度。他們在常態分布下對員工進行排名，前百分之十通常列為A等，中間的百分之八十得到B等，而墊底的百分之十為C等，如果沒有進步便予以解僱。

針對以上討論的問題，許多倍受矚目的公司，例如奇異公司、微軟、谷歌、Netflix、Adobe和埃森哲（Accenture）已經放棄傳統的年度評鑑，因為這些做法被認為無助於提升績效。

勤業眾信（Deloitte）宣稱他們的績效管理制度——透過會議、表格和評等，每年花費他們全體員工共兩百萬小時的時間，一次詳盡的評估得出的結論是：「正式的績效管理流程降低了員工積極度，花費數百萬美元，對績效無實質影響。」

在評估方面也存在許多文化問題。在法國，管理者感覺他們對設定的目標沒有掌控權（不同於目標設定的概念），因此認為該流程更像個陷阱，只是讓人懷疑管理者與員工之間雙向談話的概念。在諸如中國等國家，評估可能對個人造成威脅，丟臉沒面子會影響個人聲譽，因此風險可能很高。

儘管在績效評估的某些方面存有爭議，但許多組織已經從固定的年度評估轉向更頻繁且非正式的定期審查。

主管薪資和相關福利，例如紅利和股票選擇權，成為近年來的頭條新聞。人們最擔憂的是最高薪和最低薪之間的落差，這個差距在過去三十年來已經加速擴大。英國智庫高薪中心（High Pay Centre）提出數據顯示，倫敦金融時報100指數

（FTSE 100）執行長的收入是英國普通上班族的一一七倍（大約三十三個小時就獲得普通員工的年薪），並且找不到足夠證據來說明如此巨大的差距是合理的。

薪資差距的現象遍及全世界。日本大公司執行長的收入只有美國同等級執行長的百分之十、英國同等級執行長的百分之二十。他們還做出長時間的比較，一九六三年，執行長和員工的收入比是二十比一，到了一九七八年是三十比一，一九九一年達到一百二十一比一，二〇一九年是二百七十八比一。

這是否激勵執行長更努力工作？我們可能以為基本的數百萬收入足以讓執行長付出完全的注意力和專注力，不需要再給他們獎金來做好他們的分內事，但根據人事經濟學理論，高薪不單是為了激勵執行長，更是用來激勵執行長以下的每個人來嘗試獲得這份工作。

月暈、尖角、裙帶和分身

月暈效應（halo effect）：一個正面的標準扭曲了對其他標準的評估。

尖角效應（horns effect）：單一的負面因素主導了整個考核評分。

都卜勒效應（doppelgänger effect）：評分反映出考核者與被考核者之間的相似處。

裙帶效應（crony effect）：考核者與被考核者之間的密切關係扭曲了考核結果。

凡勃倫效應（Veblen effect）：以經濟學家凡勃倫名字命名，他給了全部的學生C等的分數，無論他們的作品質如何。如此一來，所有被考核者都獲得中等評分。

印象效應（impression effect）：區分實際表現和事先計畫的「印象管理」。員工的印象管理手段能導致主管更喜歡他們，因而對他們的工作表現給予更高評價。員工往往試圖用過程的衡量（努力、行為等等）來替換結果的衡量（成果），藉以管理他們的名聲，尤其是當成果不盡人意時。

由於多少對此感到不滿，我們發現目前在英國，大型組織裡的薪酬委員會負責設定主管薪資並更廣泛地監督薪資公平，而且對報告薪酬比例的必要性做進一步審視。現行的薪資制度存在著一個危險，就是企業中有著巨大的薪酬差距，因為他們將創造的經濟價值歸功於占主導地位的高階主管階層，認為功勞屬於個別的英雄人物，而非更分散的領導人員和組織的貢獻。此事不光影響到個人，也影響到財富分配和社會平等。

在大多數市場經濟中，薪資差距不斷擴大，連帶造成更多人生活在貧困中，包括有收入的就業者（「在職貧窮」）。此外，由於勞資集體協商的減少，未能對過高的主管薪資進行制衡，人力資源管理就能發揮道德作用。有鑑於審查的作用非常有限，至少人力資源能保證準確的支付薪酬，就如英國勞動力市場執行局前局長大衛．梅特卡夫（David Metcalf）所指出的，公司平均每五百年才可能進行一次最低工資審查。

性別薪資平等是一個長期存在的議題。根據世界經濟論壇（World Economic Forum）的說法，男女兩性之間的薪資差距要花兩百零二年的時間才會趨近。在英國，性別薪資差距約為百分之十四。較早期著重從立法上來檢視同工不同酬，現今的關注範圍擴大，如果女性從事和男性相同價值的工作，即使是不同類型的工作，都可以要求平等的薪資。公布薪資差距的措施有助於讓公司的守規情況更透明。

二〇一七年，英國廣播公司（ＢＢＣ）被迫公布金額高於十五萬英鎊的電視明星薪水，暴露出男明星的收入遠多於女明星。同時在美國，員工人數超過兩萬、年收入兩百八十億美元的谷歌抱怨，政府稽核時必須提供薪資數據給美國勞工部造成他們的負擔。

根據英國特許人事與發展協會（Chartered Institute of Personnel and Development）近來的報告，儘管百分之六十的組織存在著性別薪資差距，但並非所有的組織都會將這些事情與員工分享。雖然有百分之六十的組織聲明，他們會討論薪酬的過程與結果的公平性，但只有百分之十的員工說自己的直屬主管有這麼做。

性別薪資差距持續存在，為何如此？英國就業學者達米安．格里姆肖（Damian Grimshaw）和吉兒．盧貝里（Jill Rubery）指出，相較於男性，女性的技能在薪資結構或技術分類中比較不明顯。相較於許多女性的工作，傳統上男性的職業分類和獎勵是根據類型和技術程度進行更細的劃分，而女性的工作往往集中在一起，例如零售或照護工作。職業可被用來讓低薪合法化，因為女性從工作中獲得相當大的滿足感（更利他），所以需要的補償較少。此外，女性在勞動成本占總成本比例較低的領域受到低估，但在這些領域，雇主或許有更多餘地去支付較高的薪水，而不會損及競爭力。她們更常受僱於零售或照護等產業。

還有人們所說的一項差異性：女性不總是符合傳統規範，例如長時間工作。某些職務通常會有每週工時超過五十小時的津貼，尤其是專業和管理的職務，這些職務給男性的薪水往往高於女性，因為女性承擔大部分的育兒責任，未必能比得上男性的工作時數。近來的新冠疫情突顯出一個事實：主要由女性擔任的工作，有一大部分確實是維持社會運作不可或缺的，例如教學、零售、護理、清潔和育兒。儘管許多白領階級的確能在家工作，但社會能持續運作是因為有其他人從事這些不可或缺的工作。

此外，兼職工作者（女性往往多於男性）必須與雇主協商具體內容，因此議價權力有限。遺憾的是，在雇主對女性薪資有重大影響力的公共部門中，因外包和中央對薪資凍結，或限制在通貨膨脹之下，女性薪資的提升無法得到改善。還有契約中的彈性向來好壞參半，例如當顧客的需求降低時，雇主就會著手減少沒事可忙的工作時段來提高生產力。這導致工作強度增強，和不規律的輪值班表，例如分割式輪班、零碎的工作安排和處於低度就業狀態。

紐約市消防隊的案例就是一個很好的例子，說明制度中可能存在性別偏見。一九八一年，紐約市消防隊舉行了體能測驗，項目包括讓應試者穿著全副消防裝備，並扛著一袋混凝土爬上六層樓階梯。許多女性和一些男性無法通過這項測驗，結果產生了一件法律案例。在這個案例中，韋恩．卡西奧（Wayne Cascio）觀察了這些消防隊的實際行為，發現他們從來不會把人扛在肩上爬樓梯。大多數時候，他們是跑下樓梯，並且訓練中要在煙霧裡儘量保持貼近地面。總之，該項測驗與實際工作無關。大約二十年後，九一一事件的英雄之一布蘭達．柏克曼（Brenda Berkman，在法庭上提出以上這件原始案例），她在世貿中心北塔往上爬了六十層樓階梯去救人。

在所有這些情況中，該領域的大部分文獻傾向於依循慣例，也就是告訴我們管理者應該如何處理獎勵的事，員工應該如何反應，但情況不總是像實際發生的那樣。讀者需要仔細思考工作的其他好處：酬勞不只是薪資制度而已，還包含一連串金錢和非金錢的利益。上班工作會有什麼回報？除了薪水、獎金和退休金之外，工作還提供朋友、社群、意義和滿足感。人力資源管理需要超脫「薪資是唯一答案」的思維，人力資源管理還需要處理公正和平等的問題，以追求工作場所的人性化。

第五章

工作發言權

何時該暢所欲言，何時又該保持沉默？這是員工發言權研究的主題，也是我們每天面對的問題。許多的組織災難，像是挑戰者號太空梭爆炸、安隆公司破產、聯合航空一七三班機墜機、澳洲某醫院的「死亡醫生」（Dr Death）案，以及孟加拉的熱那大樓災難（服裝工廠倒塌事故），倘若有有效的員工發言機制，這些情況原本是可以避免的。換言之，如果組織掌握了問題的訊息線索，但沒有加以利用，或沒有依據這些訊息採取行動，情況會如何？

馬修．席德（Matthew Syed）的書《失敗的力量》（*Black Box Thinking*）舉出兩個強而有力的故事，其中一個出自航空業，另一個是醫療保健業，說明了無效發言的後果。儘管做出決策的場所或駕駛艙內有避免災難發生的相關訊息出現，但兩起案例皆造成致命的結果。

在第一起案例中，副駕駛曾提醒正駕駛，飛機油料即將告罄，但他覺得正駕駛已經接收到示警，而且當時正駕駛試圖要放下起落架好讓飛機降落，不會樂意再被打斷，於是副駕駛沒有再度提起此事。第二起案例中，在接受麻醉進行手術時，一位原本健康的三十七歲患者，他在二十分鐘內情況惡化成無法動手術的腦損傷，儘管兩名麻醉師和一名外科醫師不斷嘗試對呼吸道供氧，而在十二分鐘後，一名護士建議採取標準的救命程序，並準備好待用的裝置。但這些專家執迷於唯一的解決之道，護士認為自己地位較低，不敢再進一步打擾，只期望他們更了解情況。

發聲來拯救性命是重要的，同樣的，說出想法和建議來改善組織運作及員工利益也很重要。簡單地說，員工發聲是他們試圖發表意見，並可能影響組織事務，尤其是會影響他們工作和組織利益的問題。此事可能涉及種種發言機制，例如正式和非正式、直接和間接、工會和非工會。這包括個別員工的行為，像是有助於管理的建議，也包括員工可能質疑管理的方式，例如提出關於不平等或安全性不足的議題。

發言權具備了合作與衝突的兩種面向。員工發言權日益影響工作活動和組織決策，這並不是一個新概念。二十世紀初期，心理學家雨果・明斯特伯格（Hugo Munsterberg）的《心理學與工業效率》（*Psychology and Industrial Efficiency*，一九一三）、威廉・巴賽特（William Basset）的《當工人幫助你管理》（*When the Workmen Help you Manage*，一九一九），以及一九三〇年代中期艾爾頓・梅約（Elton Mayo）的《工業文明的人性問題》（*The Human Problems of an Industrial Civilization*，關於霍桑研究），都是對員工聲音長期受關注的例子。

工作場所是人們在他人指揮下做事、度過許多人生時光的地方，同時雇主為受僱人的腦力和體力付出酬勞：受僱人在這裡工作，並遵從合理的命令，協助雇主達到他們的目標，無論是提供更好的顧客服務或製造更多新產品。在這個脈絡下，發言權對員工來說是寶貴的，因為發言權能讓他們表達看法和提出建議，如此有助於維護他們的尊嚴——他們不是遵從命令的奴隸，而是自身觀點得到重視的工作者。有鑑於此，員工需要發言權，而管理者需要提供他們發言的機會並鼓勵他們開口。

到目前為止一切順利，但許多工作場所仍舊套用「管理者最懂」的模式，或者如同俄國俗語說的「我是老闆，你是笨蛋」的想法，以及百年前在管理方面由上而下的獨裁方式。這些模型如今仍然存在，一位經理在訪談中告訴我：「我為何要認為店裡的喬伊有什麼用處？如果他有，他就不會只是店裡的喬伊。」這是沉重又令人沮喪的觀點，反映出管理者對待他們員工的看法。雖然說「每一雙手都伴隨著一個自由的大腦」，但我們有時不懂得善加利用這個大腦。

由泰勒建立並在汽車生產線上實際進行的科學管理模型，在管理思維上一直占有重要地位。亨利・福特曾抱怨說：「我只想要一雙手，卻總會跟來一個腦袋。」就反映出這種看待員工的態度。泰勒理想中的員工並非全能者：「一個適合以處理生鐵為固定職業的人，他最基本的必要條件之一是必須愚笨和遲鈍，心智狀態幾乎像牛一樣。」泰勒主義以及認為「只有管理者才需要用到大腦，其他員工只需聽命行事」的觀念，都給管理方法蒙上陰影。

解決這些問題的一種方法是從組織的觀點來考量，規定嚴格、幾乎沒有自由處置權的工作也許幾乎不需要發言權，而容許高度自由處置權的工作則需要更多的發言權。員工發言權背後的商業推進力，有許多出現在一九八〇年代後期，並且與相關的措施有關，例如授權和參與。這些概念由該時期具有影響力的管理作家與大師提倡，包括湯姆·彼得斯（Tom Peters）和理查·蕭恩博格（Richard Schonberger），他們的觀點讓「給予員工更多發言權」的做法更為普及。

彼得斯的建議是：「讓每個人參與每件事，藉由授權來領導。」而蕭恩博格表示，「我們想讓員工承擔起責任」，並勸告組織給予員工更大的控制權。彼得·杜拉克和羅莎貝斯·莫斯·肯特（Rosabeth Moss Kanter）等作家強調的新管理典範，欣然接受諸如去官僚化主義（終止等級制度和規範性規則）、去層級、分權，利用專案團隊做為發展新知識型組織的架構。這種新方法對管理層產生了影響，因為遵循層級權威的方式將被高度信任的關係、團隊合作和員工發言權給取代。

更近來，員工持續推動了這個方法，經常被引用的諮詢公司華信惠悅（Watson Wyatt）研究證明，員工高度參與的公司，其財務績效比員工低度參與的公司高四倍。員工參與的吸引力在於：它對任何人來說可以是任何東西。近年來員工參與的新奇感可能已經消退，一項調查發現，有一半員工寧可填寫線上購物問卷調查表，也不願填寫員工參與調查表。而對於真正的員工參與，發言權是關鍵。換言之，員工參與不只是讓員工更聽從管理者（由上而下）的話，同時還營造讓員工有發言權的對話。

管理者花費大量時間討論人才爭奪戰，卻對已可使用的人才沒有大太興趣，這實在是一大諷刺。員工發言權是此事的核心，是管理者手上可用資源的一大部分，但太容易被當成麻煩事。諷刺的是，員工是充滿熱忱、精力旺盛和創造力的，但在工作時除外。事實上，許多年前的某研究指出，人們在早上開車去上班時，使用了比在工作時還多的技能。

先進的雇主珍視員工聲音，因為員工身處第一線，能獲得未必上達最高層的關鍵訊息（推動持續進步的新概念，例如日本的改善法〔Kaizen〕）。如今許多工作變得比科學管理時代更複雜，給予員工自由處置權，讓他們能提供更好的服務和達成更高標準的工作，這才是明智之舉。發言權有助於解決問題，能打造創新的氛圍並可作為潛在問題的警報。關鍵的訊息通常存在於組織裡且不會洩漏，或者一旦洩漏也不會傳到對的人那裡，即便傳到對的人那裡，他們未必採取行動。這是「發言系統」的問題，稍後會回來討論。

員工參與的概念包括對工作懷抱熱情，並與同事及組織的目標有關連，但如果我們環顧四周會發現，實際上這是相當罕見的事。看看圖四的西班牙公務員例子，缺席長達十四年但薪水照領，幸好這並非典型案例，而是極端形式的員工不參與。根據《衛報》（*Guardian*）的說法，等到華金．加西亞（Joaquín García）因為在水利處長期服務而受獎時，才有人發現事實上他已經至少六年沒有現身上班。加西亞被法庭處以兩萬七千歐元（約兩萬三千英鎊）罰金，因為法官發現這位工程師顯然「至少六年」沒履行他的職務，並在退休前二〇〇七至二〇一〇年期間「什麼事都沒做」。加西亞告訴法庭，他曾現身上班，只是時間不固定。他宣稱自己是職場霸凌的受害者，並且因為家人的政治立場而遭到排擠。水利處認

漫長的午餐：西班牙公務員常年翹班無人注意

華金・加西亞至少六年沒有現身到水利處上班，時間還可能長達十四年。

圖四　瓊恩・韓里（Jon Henley），〈漫長的午餐〉（Long lunch），《衛報》，13 February 2016。（Copyright Guardian News & Media Ltd 2021）

為加西亞是市議會的責任，而市議會認為他替水利處工作，是水利處的責任。不過加西亞並沒有虛度光陰，他後來成為研究荷蘭哲學家斯賓諾莎的專家。

人們對於攸關自身和影響工作生涯的事應該要有發言權，這似乎是無可爭議的，如前所述，當發生了應該引起管理者注意的問題時，人們應該清楚地說出來。的確，管理者和員工都應該對暢所欲言感興趣，但為何發言權會在工作場所引發爭論呢？部分的答案是，發言權深植於僱傭關係中，需要在這個脈絡下檢視。發言權是工作場所中「掌控邊界」的一部分，但這個邊界並非靜態不變，而是爭執不休的，是管理層與員工在追求各自利益的互動中塑造而成。

發言權不只關乎商業利益，發言權是與產業公民權（或產業民主）有關的一項人權。在此，發言權被視為員工的基本民主權利，是在組織中對管理決策擴大到一定程度時的控制手段。目前有許多受歡迎的書談到職場裡的民主，但仔細觀察會發現，大多談的是讓大家感覺自己是團隊文化的一部分，大家一起合作工作。員工可能會用發言權來表達與管理者的不同利益、有時甚至是相衝突的利益，但這種觀點通常不在討論範圍內。

當我們在探討反對管理層特權的發言權時，不能將發言權的行使與制度背景分開來看，諸如勞動法或工會組織等因素會影響發言權，同時個人特質也會影響員工選擇發聲，或選擇保持緘默。

從比較的思維去檢視發言權也是重要的事，我們容易把在地觀點視為普世觀點，或者以美國的模式為常規。然而，一旦我們開拓眼界，就會發現像是在歐洲，有許多國家扮演了更積極的角色。法國有法定推舉的勞工委員會（Statutory Elected Workers' Councils），而德國則是由勞工委員會和勞工董事來共同做出決定。如果少了維護員工發言權的法定條款，管理者會有更多優先權來進行自己的安排，的確，這些機構的目的可能因國家而異，例如創造商業利益或讓其他聲音和議程被聽見。具備高「權力距離」的國家，亦即更加承認等級制度和不平等權力關係的國家，越不可能容納員工聲音。

當然，一個講求民主但破產的組織對任何人都沒有好處，繁瑣累贅的決策制度亦然。如同作家王爾德（Oscar Wilde）對社會主義的評論，「它的問題在於花掉人們太多夜晚的時間……」（編注：指參與社會主義需要太多時間，對個人的生活造成影響），諮詢會讓決策變慢，而且可能限縮了管理者做決策選項的範圍。在某些背景下，太多聲音和民主可能無濟於事。在軍隊中，軍官期望命令被迅速服從，不需要針對是否攻占一座機槍哨所達成共識。但即便在軍隊中，前線的想法和觀察也可能為後方制定戰略的人提供重要情報。

的確，遵守命令在危機時不盡然是好事。如前面提到的聯合航空一七三班機事故，當飛機用光燃油時，正駕駛卻專注於放下起落架。在事後的檢討中，此事促成機組員資源管理（Crew Resource Management）的新訓練方法，因為機組員沒有能力彼此有效合作和溝通，被認定是造成該起事故的主要因素。研究顯示，這些機組員往往沒有暢所欲言，因為擔心破壞層級關係或遭受處罰。有人認為文化是主要因素：習於順從的文化造成障礙，因為駕駛艙中存在著不平等的權力關係，讓人感覺下屬不應該質疑上司的決定或行動。

說到飛機失事率，集體主義國家比個人主義國家大約高三倍，而高權力距離國家的失事率大約比低權力距離國家高二點五倍。有一個解釋是，在集體主義和高權力距離文化中，較缺乏公開性和質疑。新加坡有一項關於導入品管圈（問題解決團隊）的研究清楚顯示，員工對於發表工作問題的看法感到猶豫，因為他們認為自己沒有資格這麼做，也擔心因此冒犯或「揭發」他們的同事。「怕輸主義」的問題——害怕丟臉，也妨礙新加坡的員工自願參與這些由下而上的改善活動。員工覺得提出他們在工作上的問題，是向管理者和同事突顯自己的缺點，或擔心他們的建議不夠好，可能被別人更好的點子給比下去。

與員工發言權有關的核心議題是管理特權。阿爾伯特・赫緒曼（Albert Hirschman）在著作《叛離、抗議與忠誠》（*Exit, Voice, and Loyalty*，一九七〇）中提到典型「發言權」模型，他認為在面對不滿時，選項有離開（亦即從關係中退出）或者發聲（公開表達意見以尋求改進）。雖然他的作品與消費品有關，但這些概念被擴展並應用到其他社會背景，包含僱傭關係。

在小公司裡的發聲選項顯然有限，或者老闆是唯一的發聲管道，而這（時常）也是問題的根源。如果人們提高音量，結果就是被當成麻煩製造者、沒有團隊精神、太執著於問題、或態度悲觀而被否決，那麼其他人就不會受到鼓勵。

英國首相德蕾莎．梅伊（Theresa May）在二〇一七年的大選中，一位幕僚人員指出：「帶來壞消息會被當成沒有用處、不忠心、不屬於『梅伊團隊』。那種態度是，如果你說出來的事情這麼糟，你就乾脆閉嘴。」這時保持緘默可能是員工最好的選項，否則被制裁、報復或職涯受限都是可能的後果。波蘭裔美籍電影製作人塞繆爾．戈德溫（Samuel Goldwyn）說：「我不希望身旁的人對我唯命是從。我希望每個人都對我說實話，即使這會讓他丟掉工作。」這種說法不太可能鼓勵發言。

為何不暢所欲言，其來龍去脈在社會學家羅伯特．杰克爾（Robert Jackall）

著名的研究中有很好的說明：

(1)你絕對不超越你老闆。(2)你告訴老闆他想聽的事，即便他聲稱他想要聽反對的觀點。(3)如果你的老闆想要放棄某事，你就放棄它。(4)你對老闆的願望很敏感，所以你能預測他想要什麼，換言之，你不強迫他表現得像老闆。(5)你的工作不是向老闆報告他不想聽到的事，而是加以掩飾。你做你的工作所要求的事，並且閉上你的嘴。

雖然大多數研究顯示，員工想要有機會發言，並對他們覺得重要的工作議題做出貢獻，但他們達成目標的程度有多高？大多數一定規模以上的組織都具備某種發聲制度，但所提的倡議想要真正起作用，可能取決於它們是否被當真。也就是說，管理者是否真的有興趣聽員工的聲音，他們會不會對員工關心的事或建議做出反應？員工的發聲太常變成風中的唾沫，根本沒有影響力，導致員工士氣低落，因為管理階層對於解決問題並不在意。管理者時常著力於建立發聲制度，但他們也需要積極聆聽這些發聲制度回饋給他們的東西並做出回應。

首先，發聲制度是由組織設置，用來塑造和引導發聲。該制度具備若干面向，包括在發聲制度權限內議題的程度、層級、類型和範圍。程度代表員工能影響管理層做決策的程度——他們僅被告知改變、被諮詢或實際參與決策？某組織提到，新一波的發聲趨勢從告知人們該做什麼，轉變為告知他們為何要按照指示行事。這與員工被授權並在薪資和休假方面能參與決策的理念非常不同。

第二是表達聲音的層級，換言之，發聲的所在處是在工作群組、部門或甚至公司高層層級？這是重要的，因為某些議題最好在特定層級中處理，所以聲音必須傳達到該層級才能產生影響力。議題類型是聲音的第三個面向：從總務工作，例如餐廳伙食，到更具策略的重要性事務，例如與投資策略有關的事項。

最後是發聲的範圍，可以讓員工把做決策當成是日常工作職責的一部分，而不是非要他們透過正式方案來提出建議。這不是說發聲制度按管理者的設計來運作，而是該制度反映了制度設計者的意圖。發聲制度具備制度化與人性的成分，也就是說有結構和動因。

但發聲制度的目的何在？對此人們可能有不同的期待。管理者傾向於視發聲為「諮詢」、「溝通」和「發言權」的同義詞。值得注意的是，在關於管理者對發聲所持態度的研究中，他們更將此視為訊息的傳達，而非一種對話。申訴程序通常不被管理階層視為聲音的表達。因此，管理者可能將發聲當成是管理系統的潤滑，但不太願意接受那些從根本上挑戰體制的聲音。因此，這個問題變成誰控制了發聲（或靜默）。在某些情況下，管理者將發聲解讀為員工會更好地傾聽管理者的話！因此，員工的聲音有時竟可被解讀成管理者的聲音，這與近年來管理階層為了「贏得人心」而有意加強與員工的溝通有關。這麼做的目的不是為了提供「更好的」訊息來賦予員工權力，而是為了說服他們相信實際或即將發生的管理決策的邏輯。

發聲制度對於雇主、工會和員工的真正合作有好處。在美國，人們觀察到工作場所的創新——尤其是在已組成工會的機構，與勞動生產率有正相關。他們推論，在組成工會的工作場所，這種強烈的影響效果可能是員工認為工會會保障其就業安全，因此更願意投入員工參與的計畫以及發聲表達意見。美國保健公司凱撒醫療（Kaiser Permanente）採用合作夥伴的方式來解決問題，證明了與員工及工會建立高度信任的合作方式可以取得怎樣的成果。這幫助凱撒醫療扭轉了財務績效，建立和維持勞動力和睦，並彰顯了合作關係在國家勞動力協商談判和解決日常問題方面的價值。

當然，這突顯一個重點：管理者需要合法性。他們更喜歡在員工的支持下運作，所以發聲是為了商議，即使管理者偏好得到贊同而非回饋。然而，這對管理者而言是件微妙的事，也說明了人事管理是一門技藝，而非只是應用規則或標準。簡單地說，如果徵詢員工的看法卻從未真正改變任何事，那麼人們可能不會花心思參與，合性法也將受損。為了得到一些東西，管理階層必須付出一些代價，即便只是微不足道的東西，以此彰顯參與是值得的。

創造發聲制度也會創造出期待，雖然管理階層可能希望發聲範圍限定在某些特定議題內，但他們限制發言議題的舉止無法被視為理所當然。同樣的，如果管理階層的意圖是建立一個弱勢的發聲制度，那麼員工可能會認為它沒有可信度，反倒會鼓勵員工向外尋求更獨立自治的某人來代表他們發言，或透過社群媒體宣洩。然而對發言權的渴望很可能會有所波動，我們觀察某間金融服務機構的發言權超過二十五年，發現人們的合作關係在全球金融危機的壓力下崩潰，但金融事件之後又共同努力試圖重建制度和信任。

人們為何要發聲？我們全都參加過這樣的會議：呼籲要提問，但卻是全場默不作聲。有人可能會說，發言可以看作是個人特質的表現（例如自信和外向的天性），這或許提供了部分答案。當然也存在制度上的問題，管理階層透過設定議題，能讓人對一系列議題永遠保持緘默，也就是實際上將問題排除在發聲程序之外。換言之，如果你參加了會議，而你以為會拿出來攤在桌上討論的項目卻不在上面，這會讓討論變得更加困難。管理階層會想開放一些事情，但保留其他事情；他們可能希望討論如何以不同方式完成某事，但不一定希望討論應該要先做哪些事。

擱在桌面上的可能是員工曠職和流動率，而非管理者的薪資議題。領導力在在發言權的操作中至關重要。美國鋁業公司（Alocoa）的某執行長想要降低事故發生率，因此把自己的電話號碼給了員工，如果他們感到擔心時可以打給他。他發現他們真的打了電話，但往往是提出其他許多有意思的點子。這也強調了擁有多個發聲管道的重要性。

當然，沉默對管理而言不必然是壞事，在組織生命的某些領域中，沉默對管理階層來說是有利的，而且維持現狀往往符合他們的利益。員工的發言機制通常依據管理階層自己的解釋來定義，從而形塑了組織中的主要氛圍，以及員工認為他們對於關乎自己的事務有多大影響力。人力資源專家湯尼．羅伊爾（Tony Royle）的著作提到，德國麥當勞有能力塑造（操縱）現有的共同決策制度，方法是將公司員工委員會涉及的範圍限縮到只和經營管理相關的層面，例如顧客服務和品質，而非員工關注的議題。

澳洲班德堡基地醫院（Bundaberg Base Hospital）的「死亡醫生」案例，很好地說明了發聲制度何以失效，據稱這位醫師因怠忽職守，造成至少十八個人死亡。醫療人員犯錯不是新現象，但這是一起罕見的案例，當時有員工試圖表達擔憂，而重要的系統失效導致了公開且長期的法律訴訟，使得醫院內部流程受到嚴格的檢視。事實上，這位醫師在院期間已經收到不少於二十次的抱怨，投訴他無能、進行非必要的手術、執行力有不逮的手術以及衛生問題。但管理階層沒有處置這些抱怨（突破等級制度的抱怨往往會被淡化或忽略）。事實上，當事情正在發生時，這位醫師甚至還榮登該院所的本月最佳員工。

根據某醫療主任的說法，班德堡基地醫院向來有「討好老闆」的文化，投訴時常沒有上達或被改寫，好讓事情顯得比較不嚴重。成為最終吹哨者的那位護士曾嘗試利用內部管道發聲，包括面見護理部主任、寫詳細的投訴緣由，以及最後聯繫當地國會議員。所以，這是一個聲音的測試平台：醫院擁有多個完善的發聲管道，員工接受過專業訓練且積極主動。問題在於，透過發聲制度傳達的訊息，明顯沒有被認真當回事。顯然有某些聲音比其他聲音更受重視。所以比起填寫申報設備故障的維修表格，身為護士較難暗示某位醫師的臨床判斷出了差錯。

管理階層顯然不願去追究那些可能對籌措資金和名聲造成影響的抱怨，而員工在行為準則的提醒下想起自己的義務，卻得顧及對外發聲可能將對自身的就業安全造成嚴重後果。然而發聲有可能拯救性命。醫療領域的報告顯示有大量可預防的錯誤存在，一份著名的研究指出，有四十萬件過早死亡的案例與可預防的傷害有關，包括開錯藥或開錯刀。犯下可預防的錯誤在美國是第三大致命原因，僅次於心臟病和癌症，但名列槍枝和汽車事故之前。

發聲是一件很難做好的事：它並非沒有代價，而且處於員工日常發言核心的中階主管們可能會感受到威脅，因為隨著發聲的出現，他們往往得接受角色和風格的變化。他們普遍不受歡迎這一點都不奇怪。諮詢被視為必須忍受的「必要之惡」，或者「聯合惱怒會議」（就如他們曾經對我說的那樣）。因此，當我們鼓勵發聲時要記住，下命令會容易一些，有時候只是遵從命令也更容易些。

表格三顯示在管理上可能有意或無意抑制發言的方法。報復往往直接扼殺聲音；忽視聲音（聽而不聞症候群）或延遲反應也會扼殺聲音，就像一位萬事通主管的作法；其他的反應傾向於間接抑制發聲；只問好消息或解決方案，這暗示「提出問題」不是個好主意；同樣的，暗示他們不該關切某個特定議題（別人的問題），或不承擔傳遞聲音的責任，而是假設聲音會有辦法自行往上層傳播，這些都是限制發言的方式。「請勿回覆」的自動電子郵件傳達的訊息是：我們不想聽你的看法，也沒有提供可以回饋建議的管道。

言論自由與發聲有何關聯？這問題接二連三被提出來，起因是谷歌某工程師的內部發言——「女性缺乏專業技能」，這被流傳開來並遭到解僱，還有澳洲職業橄欖球員伊斯雷爾·福勞（Israel Folau）的案例，他在他的網站貼文說，「活在罪惡之中的人終將下地獄，除非你們悔悟」，還加把勁說他的目標受眾是：「酒鬼、同性戀、通姦者、騙子、私通者、小偷、無神論者和偶像崇拜者。」於是他被解約了。因此，儘管在工作環境下發言通常被視為值得鼓勵的事，但工作

表格三　消聲的十種方法

報復：扼殺發聲者
聽而不聞症候群
推遲或眼不見為淨
我最懂
只告訴我好消息
去告訴在乎的人
給我解決方案
讓聲音自行逆流而出
SEP（別人的問題）
請勿回覆

（資料來源：Tony Dundon, Niall Culliane, and Adrian Wilkinson, *A Very Short, Fairly Interesting and Reasonably Cheap Book About Employment Relations*〔SAGE, 2017〕）

中的言論自由必須與其他考慮因素取得平衡。

員工發聲可說是找回工作魅力的必經之路。如果我們認清了衝突所在，那麼發聲便是為了對話和尋求解決之道。發言權不僅有益於組織，也是改正不公平或虐待、挑戰管理層的手段，實際上也是員工自主的工具，以及個人對集體行使控制權的一種表現。因此職場之中存在發言的落差一點都不足為奇。

人們對「員工聲音」有相互競爭的期望。雖說發聲有重要的民主意涵，但如果可以選擇的話，管理者往往只會在有明顯回報的情況下才感興趣。這可能是為了避免問題和麻煩而採用的預警方式，或它可以發揮更積極的作用。然而，發聲若要具有合法性，就不能只是關乎管理概念中的效能和為企業增值。

如我們所見，員工發聲確實對管理者提出了更高的期望。雖然執行長或人力資源部門可能會提出策略性方向，並宣稱熱中於員工發言權，但通常是在直屬主管層級才會真正付諸執行。直屬主管可能因為缺乏自信、信念或訓練，而阻撓、忽略或迴避發聲機會。因此，他們需要在這個新角色中得到支持，接受應有的培訓，從監督者（逮到人們做錯事）轉變成教導者（支持和培養員工）。

傳統的發言實務，例如面對面討價還價、諮詢或參與，如今正被當成發聲形式的社群媒體以及現代傳播科技給補足或取代。這代表現今世代的員工將不輕易被禁聲，因為有不受管理者控制的發聲途徑可供員工宣洩。

人們在工作中確實擁有更多正式的溝通管道，例如 Yammer 和 Teams 社群網路服務。然而，同樣值得注意的是，這些正式管道時常受到監管，因此人們可能更喜歡在自己的裝置上進行交流，例如使用私人的 WhatsApp 軟體。我們也觀察到，在臉書和推特等社交媒體政策上，工作和居家言論自由之間存在著模糊界限。新冠疫情期間，柬埔寨服裝產業陷入危機，衣服訂單被取消，政府建議不要解僱員工，實施減薪並讓他們回家，但這些建議被忽視了。某員工在臉書貼出他們的工廠打算開除工人，結果面臨煽動不安和散布假消息的刑事訴訟。

組織越來越可能要面對來自表達能力強的員工的種種持續關切。我們應該提醒自己，無論管理者如何嘗試控制發聲，他們並非全能的。如今的社群媒體顯示出員工或前員工能迅速傷害公司名譽，即使公司關閉在某平台的發聲，也可能只是轉移到別處。

也有人認為，當員工不發聲時，可能是員工在積極表達沉默的抗議。在某些情況下，保持靜默和公開發言一樣傳達許多或更多訊息。這正是中國聖人老子哲學中有關如何表達不滿的「無聲之雷」。但透過不主動提供想法來「報復」或抗議雇主的行動，雖然能傳達不滿，但無法成為尋找解決方案的機制。發言在重新賦予職場人性化的過程中仍是至關重要的。

第六章

說再見？裁員——人力資源是資產或負債？

許多人力資源管理文獻著重於規劃出一條通往極樂世界（結合商業績效和快樂的員工）的正道，內容大量談到關於人才的事。焦點放在積極呈現組織以及其與員工（團隊）的關係。人力資源管理主管負責招募、訓練、制定策略，以及管理獎勵、人才和職業生涯，鼓勵員工投入，並為了組織（和勞工）的共同利益而解決問題，以便創造出世界級的傑出組織。整體的氣氛樂觀，甚至像在傳福音；追求卓越的變革（比起重組，管理者更常使用這個詞）來實現目標，行動被構想成一個根除慣性、提高效率、專注核心競爭力和培養創新的積極過程。下次去機場時，你可以去書店看看，在書架上你能看見多少尋常的樂觀主義在發光？然而英國社會學家和組織理論家吉布森·伯瑞爾（Gibson Burrell）所稱的「希斯洛組織理論」（Heathrow organization theory）缺乏關於裁員的書籍。

的確，如果我們去圖書館找尋人力資源管理那一排書，會發現它們極少寫到關於裁員的事。不只是人力資源管理書籍，連變革和策略書籍也避開裁員這個話題，儘管對核心競爭力和減少經常性開支的關注暗示了彼此之間可能存在某種關係。有趣的是，我們注意到在史考特・亞當斯（Scott Adams）的諷刺漫畫《呆伯特》（*Dilbert*）和電影（例如《型男飛行日誌》〔*Up in the Air*〕、《羅傑與我》〔*Roger and Me*〕、《一路到底：脫線舞男》〔*The Full Monty*〕）談到的裁員，遠比在人力資源管理書中的更多。裁員確實會鬧上新聞——從罷工到占領工廠，甚至是劫持老闆。

這確實是組織生活的黑暗面，其處理過程就能讓我們看到許多組織中人力資源管理的事，因為這是被實際執行而非僅僅口頭宣揚的。身為個人或組織，在壓力之下會顯露出我們真正的觀值觀。使命宣言和品牌會野心勃勃地展現所信奉的組織價值觀，以及組織希望被如何看待，但危機揭露了組織真正的價值觀和偏好。建築物比人更重要？讓股東滿意比留住員工更重要？人力資源管理真的在乎人才培養，或只是為了幫助平衡收支？

組織不停地擴張、縮編和重整，往往會影響到工作。縮編是商業生活中的事實，也是人力資源管理的事實，而且是一種廣泛實踐的做法。全球金融危機

（GFC）期間，美國有八百五十萬人被解僱，中國國有企業裁員兩千五百萬人。在我撰寫本書時，新冠疫情導致英國三百萬人失業，超過九百萬人被強制休假，接受政府的就業補助金。新冠疫情造成全世界百分之九十三的員工面臨工作場所關閉，以及比二〇〇九年金融危機期間減少四倍的工作時數，據報導，二〇二〇年超過一億人失業（國際勞工組織〔ILO〕，二〇二〇年）。我們看見許多國家在新冠疫情期間扮演了重要角色，政府透過休假薪資補助計畫來影響企業的裁員措施。這比二〇〇八年全球金融危機之後的情況更加公平，當時政府幫助「大到不能倒的」銀行脫困，卻沒有挽救其他許多工作。因此，在這種情況下選擇是很關鍵的，國家做為外部參與者至關重要，包括對產業或員工的支持（或缺乏支持），以及為制訂良好措施包括諮詢法，做好鋪路。

儘管裁員是司空見慣或是一件不值得注意的殘酷事實，但現存關於裁員的報導，傾向於圍繞著處理過程的法律規定，而不是該如何避免裁員，或以最不痛苦的方式進行。如今雖有更多的相關研究，但為何、如何以及何時會導致人員過剩，仍有待進一步探討。人力資源管理強調對變革管理的重視，但卻未充分通盤考量，這顯然是個奇怪的疏漏，尤其是裁員通常會帶來負面結果。我們知道被裁員的人會遭受經濟困難、心理健康下降，還面臨社會和人際關係上的壓力。

這些議題被放進一九九七年的電影《一路到底：脫線舞男》的戲劇化效果中，場景設定在以鋼鐵業聞名的英國城市雪菲爾（Sheffield）。影片描寫一群煉鋼員工遭解僱失業，因此感到羞辱的經理甚至無法和妻子討論被裁員的事，每天早上他還是手提公事包假裝去上班。直到他未能繳清帳單，法警找上門，妻子才得知真相。有一個研究提到，二〇〇八年美國經濟衰退期間，即使只經歷過一次財務和工作相關或房屋方面衝擊影響的人，在經濟衰退結束後三至四年間，仍有較高的機會產生憂鬱、廣泛性焦慮、恐慌症狀和用藥不當的問題。

學者提出一個觀點來解釋這種缺乏關注的現象——裁員的「黑手黨」模型。在該模型中，裁員最好被視為人力資源管理的反常（且相當不愉快）構成要素之一，最好匆匆執行、不要落入大眾視野中、不要被討論，然後被忘記。裁員的時間通常安排在聖誕節或暑假之前，如此一來，當人們「被消失」時，有一個心理上的休息時間。然而，無論在英國、美國或世界上其他地方，裁員似乎都不是一次就能徹底結束的事件。的確，減少薪資成本以提升組織績效的做法受到管理階層歡迎，也是組織用來扭轉困局的主要策略性手段之一。成本下降的結果迅速表現在最終盈虧上，並向股東們展示管理階層是認真的（或說到做到，決心要完成）。

裁員被視為公司展現活力的象徵，因為管理者需要對此做出艱難的決定。舉例來說，巴克萊銀行（Barclays Bank）在宣布解僱六千名員工後，據報導股票在一九九九年飆漲。但人力資源管理學專家韋恩・卡西奧的作品顯示，那些能承受較多痛苦並延遲裁員的公司，兩年後表現得更好，所以快速解決的方法實際上未必有效。部分問題是，在許多情況下，人們後來重新被僱用，並聘請顧問來取代離開的人，而且可能還要進行再訓練。再加上士氣低落，可能會讓組織精疲力盡，對文化、認同感、投入和創新（現在誰願意冒險？）產生負面影響，結果降低了組織保持彈性和靈活的能力。一項研究發現，所有調查的員工成果（例如無力抽離、精力耗盡、焦慮、工作態度）和大數多工作條件（例如工作角色、人際層面、薪酬和安全感）之間存在不利關聯。

縮減規模（downsizing）是一個廣義的概念，可包含對公司各種資產的減少——財務、實體或人員，但我們的焦點當然是僱用，這與解僱和人員過剩有關，不應與「縮減範圍」（downscoping）混為一談，縮減範圍關係到撤除與組織核心業務無關的資產及業務。縮減規模是有計畫的減少工作職位。裁員與重整常可交替運用（後者被管理者當作委婉用語，不過大多數員工視之為壞消息），但組織當然可以不減少員工數量來進行重整，反之亦然。

縮減規模的目標通常可列出一長串，包括節省勞動力成本、更快速做決策、增進溝通、減少產品開發時間、強化員工參與，以及對顧客更有熱誠。美國著名管理學家麥可・哈默（Michael Hammer）認為，減少職位和管理層級將形成扁平化組織，能培養出賦權的多重技能員工，這有助於鼓勵創新。

但考量到現今是以知識為基礎的經濟時代，競爭優勢很大程度取決於人力資源、智慧資本和運用內隱知識的能力，因此穩定的工作環境是重要的。羅伯特・高爾（Robert Cole）認為員工流動損及組織記憶，因為個別的組織成員是「組織營運的知識和信任的首要智囊」，由於難以被取代，所以無法記錄下來。需要注意的是，想要變得精簡（lean and mean）的組織，最後可能變得「瘦弱且跛」（lean and lame），甚至「虛弱無比」。因此，人力資源管理領域的管理不善可能損害組織聲譽並影響到員工，無論他們留下來或離開。其中一個有趣的層面是，管理者使用的裁員用語往往是委婉的（表格四）。

其他多采多姿的用語包括「加快組織退場速度」，彷彿人們是從大砲中被發射出去，或者「解放那些無法融入我們組織的人」，聽起來他們像是需要被擊潰的敵人。國際性銀行匯豐（HSBC）收益超過一百三十億英鎊，卻宣布要裁減一千多名員工，因此而上了新聞。值得深思的是，員工的言論在相較之下非常直接：他們被解僱、遣散或開除。

表格四　解僱、離職或追求新機會？

職業替代強化方案
職業再評估
精簡
清理
減少招募
減少僱用
減少職位
解聘
開除
減少總人數
非自願辭職
資遣
不留任
薪資調整
先前未認清的招募失誤
重新平衡
規模調整
最適規模
限縮
組織塑身
整頓裁減
過剩
配合相關人員調整
未派予職務
與產量相關的生產計畫調整

（資料來源：Dobbins, T., and Wilkinson, A.〔2020〕, 'Downsizing' in Wilkinson, A., Dundon, T., and Redman, T.〔eds〕, *Contemporary Human Resource Management*〔6th edition〕, Sage, London）

組織試圖與大家眼中的骯髒工作保持距離，在電影《型男飛行日誌》裡表現得淋漓盡致，喬治．克隆尼（George Clooney）飾演一名顧問，在提供「員工終止就業服務」的公司工作。克隆尼的角色萊恩搭乘飛機周遊全國，代表雇主去開除人，同時累積飛行里程。當一名新員工建議利用視訊會議讓過程更有效率時，萊恩抱怨這麼做太沒人情味，經過一次試行後，結果有一個人在收到解僱消息時自殺了，於是他又恢復面對面的模式，而主角得以返回三萬英尺的高空。所幸萊恩不必處理被美國喬治亞州克萊頓郡新當選的治安官開除的副手和區長。在當時的場合，以為被邀請去參加宣誓就職典禮的員工，他們的徽章、配槍和汽車鑰匙被拿走，然後遭到解僱，並護送進一輛警車載他們回家，同時狙擊手在屋頂上監視，「以防有人過於激動」。

其他時候，即使裁員的程序沒有去個人化（depersonalized），但也可能顯得麻木無情。美國零售商沃爾瑪在解僱員工時，會提早兩個小時通知他們，並提供因應失業的壓力管理訊息，包括避免攝入咖啡因、巧克力、尼古丁和酒精。

圖五　經濟蕭條期間的求職者。

（圖片來源：Everett Collection/Shutterstock）

除此之外，他們鼓勵員工接受專業心理諮商：「難以入睡、做惡夢、往事湧現和感覺過度警醒都是常見的現象，會隨著時間消失。」（圖五）

管理者往往利用隱喻來制定策略，而關於裁員的主要隱喻是「瘦」（lean）。組織被鼓勵要精簡且靈活，不要臃腫或膨脹。的確，如同社會學家梅莉莎・泰勒（Melissa Tyler）和我共同探究的，隱喻暗藏著當代社會生活中普遍對「瘦」的理想追求（苗條的壓力）。我們注意到爭論點在於，有關裁員的管理言論剝除掉人性，將人們描繪成「公司的贅肉」。如果你不可能太豐腴或太瘦，似乎公司同樣也不可能永遠盈利過多或太過精簡。總之，裁員是為了追求健康的（組織）身體，呈現出組織的紀律、活力和靈活。雅虎（Yahoo）宣布計畫裁員百分之十來變得更精實；特斯拉（Tesla）宣布其裁員類似於特種部隊精英的理念。同樣的，法律架構能讓組織進行「瘦身」——約聘人員、臨時員工、派遣員工可以在法律允許下迅速被裁減，就好像吞下立即生效的神奇減肥藥丸。

無論在歐洲、澳洲或美國經濟體中的公家及私人產業部門，許多組織念念不忘降低成本，這是沒有被普遍承認的事實，因此每年尋求減少員工人數。關於裁員有種種喜好，在比較自由的市場經濟中，組織更樂意將員工視為商品成本，裁員只不過是組織尋求精簡的公認商業處方，因法律以及習俗、慣例而易於推行。

然而令人憂慮的是，許多與組織變革策略有關的降低成本方法，已經毀壞了傳統的僱傭關係，有些作家因此提倡人力資源永續性的概念，以處理人員流動、忠誠度和壓力問題。在此人力資源管理都扮演著重要角色，最好在上游做決策時介入，而不要淪為壞消息的傳遞者，或是安排壞消息的傳遞。研究證實，從長遠來看，當裁員與人力資源實務結合並進，例如有效溝通、尊重被解僱者以及關注倖存者的擔憂，縮編策略會更有成效；對此結果我們一點都不感到驚訝。

同樣的，裁員後仍舊需要推動人力資源實務，以此促進員工的自發性努力、保存寶貴的人力資本和重建有價值的組織結構，因為負面影響可能會波及留下來的員工，讓他們遭受「倖存者症候群」的困擾，包括工作動力變低、應對改變的能力變弱、對組織的忠誠度下降，還有心理上的退縮，因為員工可能會怨恨管理層，對未來感到焦慮，以及對保住工作心懷內疚。有一項研究發現，裁員倖存者的反應與被解僱者受到的待遇密切相關，所以人力資源此時就扮演重要角色。遺憾的是，正如人力資源專家彼得．卡佩利（Peter Cappelli）指出的，全球金融危機期間，在三分之二的組織中，並未有資深人力資源專家參與裁員的決策。

如同我們所預期，裁員對組織和員工的影響，在極大程度上取決於裁員實施的方式。有些組織採取霹靂手段，在短時間內完成裁員，有些組織則採取比較漸進式的方法。一方面，組織可被視為被動的，但在另一方面，組織則顯得更積極主動。

有一項研究報告說，百分之九十四的人力資源主管只有不到兩個月的時間來規劃和完成組織內的裁員，這明顯阻礙了策略制定。人力資源管理組織學教授金．卡梅隆（Kim Cameron）將這種霹靂手段描述成：「將手榴彈丟進擠滿人的房間後關上門，然後期待爆炸消滅一定比例的員工。我們難以預測誰會被消滅，誰會活下來。」倉促地將人趕走，這種作法顯然增加了武斷行事的可能性，還意味著只是趕走了那些最容易趕走的人，而不是留下合適的人。如果管理層能花較長時間來完成裁員，或許會有更多機會進行良好溝通，讓員工可以提供他們的觀點、付出和建議。與員工進行協商，能提高他們對決策的投入，或至少接受組織

表格五　三種裁員策略

	精簡勞動力	組織重設計	系統策略
重點	人數	職位、層級、單位	組織文化
消滅	人	工作	現狀
實施時間	快速	適中	拉長
收益目標	短期收益	中期收益	長期收益
受到限制	長期適應力	立即成效	節省短期成本
例子	損耗 解僱 提早退休 一整套收購計畫	結合任務 合併單位 職務重新規劃 減少組織層級	讓每個人都參與 簡化工作程序 由下而上改變目標 隱性成本

（John Wiley and Sons © 1994 Wiley Periodicals, Inc., A Wiley Company）

正在做出的決定，這將有助於完成裁員。

金．卡梅隆提出三種主要裁員的方式詳見表格五。我們不意外地發現，除了速度之外，裁員的規模也會惡化其影響力。如果我們採取社會資本的觀點，大規模裁員很可能破壞信任、破壞組織記憶和網絡，這些都會降低績效結果。

近來人們關切的是，裁員不再專屬於孤注一擲或體質虛弱的公司，有越來越多財務狀況良好但想要增加收益的公司也在進行裁員。著名的奇異公司前執行長傑克．威爾許熱愛開除員工並保留下完整辦公室，因而獲得「中子傑克」（neutron Jack）的稱號，他在五年內減少了一萬個職位。

還有同樣在美國，日光企業前總裁艾伯特．登拉普（Albert Dunlap），人稱「鏈鋸艾爾」（Chainsaw Al），他在兩個月內解僱一萬一千名員工，占全部勞動力的三分之一以上。這種作法的一個可能性解釋是，執行長與一般員工之間的收入不平等加劇，造成工作場所中極度的權力不對稱，而這些權力落差導致執行長以自私的方式對待他們無法真正理解的基層員工。

隨著組織「利害關係人導向」受到股東價值觀的侵蝕，從商業管理模式轉變到公司股東或財務模式，組織開始從與生產商品或提供服務無關的種種金融活動中獲利，例如併購。他們出售資產和其他金融產品以提升收益。著名的例子是，通用汽車透過它的信用卡業務賺到的錢多於汽車銷售。這被稱作金融化（financialization）。

有沒有其他可先供探討的替代方案？裁員是不是管理者唯一可行的手段？面對需求不足，組織的確有策略性選擇。事實上，有各種可能的方法，這些方法因國家而有重大差異。

在美國，「任意僱用制」和「僱用即解僱」的理念，讓員工被解僱的速度往往更快、比例更高，遠高於歐洲國家。歐洲比較重視找尋替代方案，部分原因與監管架構有關，因為國家的角色更深植於社會和就業政策。在德國有「短時工作」制（Kurzarbeit），當經濟衰退時允許公司臨時減少工時，以降低勞動力成本，而員工收入損失的部分由政府以短期工作酬勞的形式補貼。公司只支付實際工作時間的薪資，政府提供員工高達百分之六十七的其餘薪資，從而在全球金融危機中保住五十萬份工作。

法國有「部分失業」（chomage partiel）方案，而在日本等國家，在營運中採行分級降低成本措施，例如重新調度、搬遷、再培訓、調任，甚至暫時停止股利發放以及資深主管減薪。的確，日本歷史上向來把終身僱用視為其主要支柱之一，由此穩固對公司的忠誠度，儘管這種作法多年來承受到了壓力，因為企業追求更多彈性，因此有些日本公司已經發展出「職業再設計室」，也稱作「逐出室」，那些拒絕提早退休的員工被分配到這裡做著瑣碎的工作，並且必須針對這些工作提出報告，希望他們因此感覺羞愧而離開。

人力資源管理學專家韋恩．卡西奧談到，究竟應該將員工視為被削減的成本或是需要被開發的資產，資深主管與員工對此有著不同的心智模式：

> 裁員者視員工為商品，就像迴紋針或燈泡，可以互換和替代。這是一種「插拔」的心態：需要他們時插上使用，不再需要時便拔掉插頭。相反地，負責任的重整者視員工為創新和變革的來源。他們在員工身上看見壯大企業的潛力。

作為裁員的替代方案，減薪往往很少被採用。湯瑪斯庫克旅行社（Thomas Cook Travel，英國知名旅行集團，為全球最老旅行社）在二〇〇一年美國九一一攻擊事件後業務量暴跌，因而裁減一千五百份工作，員工減薪達百分之十。一些組織則採用彈性的工作安排，例如本田、日產（Nissan）和BMW等汽車公司減少了工廠的工作時數。重新調度是另一種作法，儘管有時以相當強硬的方式來進行：歐洲汽車設備跨國公司大陸集團（Continental）寄了一封信給被解僱的一千一百二十名員工中的六百人，提供他們前往非洲突尼西亞的工作職位，月薪一百三十七歐元，並表示這符合在公司現有業務中重新安置員工的法律義務。這些議題也在經濟大蕭條（這個用語和更近期在二〇二〇年起的新冠疫情中「無薪假」〔furlough〕一詞被納入大眾詞彙）初期多有爭論。

這些方法在恢復正常時有助於快速擴張。有趣的是，在全球金融危機期間，英國大多數雇主在可能的情況下，偏好採用替代方案而非裁員。對於為何出現這種情況，有樂觀和悲觀的看法。這是否意味著雇主已經知道裁員是不利的，並尋求更負責任的方法來降低成本，或者成本已經降無可降，再無多餘之處可削減？又或者他們轉向更有彈性的工作模式，舉例來說，派遣和承攬等等？

在因應經濟衰退時，百分之七十五的組織至少做出一項與就業有關的改變，最廣泛使用的包括凍結和削減薪資（四一％）、停止招募（二八％）、重新安排工作（二五％），減少加班時間（一九％）、採用派遣員工（一五％）、減少工作時數（一四％）。百分之十的組織進行強制性裁員，百分之七進行自願性裁員。在新冠疫情危機中，三分之二的英國雇主利用政府的工作僱用保留計畫讓員工休假，以避免進行裁員。

在不強制裁員的情況下調整勞動力時，如何達到韓國人所說的「光榮退休」？有一種受青睞的方法稱作自然減員（natural wastage），亦即人們離開組織後不再補充新人員。自願性裁員是另一個選項，不過涉及了費用支出問題，因為長期服務的員工會認為這很有吸引力，而那些能在別處找到工作的優秀員工更有可能離職。提供豐厚條件的提早退休是另一種可能性，儘管這常被視為更像是避免裁員的方法。

如果沒有其他選項並且確實要裁員，那麼與員工協商至關重要。「玉米片裁員」（Cornflake redundancy）是指員工正在吃早餐時發現他們已經失業了（通常是從報紙上看到的），這導致歐盟規章的改變。很多時候保密只是口號，管理者堅決他們擁有僱用和解僱員工以及停止業務的特權，並認為與員工協商是讓人分心的事。但有實例顯示，在協商期間，工會與管理層能合力找出節省成本的替代方案，例如英國某金融服務機構利用合夥關係的方式找到共同點，進而保住工作。在任何過程中，最關鍵的是公平感和組織正義。員工要在過程中有發聲的機會，同時感覺選擇的過程是公平的，而不是用來淘汰「麻煩製造者」。

我們透過觀察組織在艱困環境下如何對待員工，更能深入瞭解人力資源管理和組織價值觀的實際情況：他們決定由誰來通知你不再需要你的效勞，無論是由陌生人、人力資源部門，或你的主管親自執行；是對面對告知、透過電子郵件、視訊，或者（這種事有時會發生）從報紙上讀到。

在人力資源管理中，「人力資源」和「管理」之間的緊張關係在裁員過程中特別明顯。人力資源的角色顯然超越裁員的程序面，例如，選擇的公平性、更深入或更早參與策略性決策、擁護最重要的資產（人）、以及鼓勵資深主管遵照明確的組織價值觀行事。的確，人力資源管理教授比爾・羅許（Bill Roche）與保羅・提格（Paul Teague）發現，在經濟衰退期間，人力資源在許多組織的決策中取得影響力，因為組織需要依賴人力資源的專業知識來落實緊縮計畫，但人力資源的角色僅限於制定和實行短期的反應性措施，以維持組織的運作，但當組織走出危機後，人力資源的角色並沒有擴展成更具影響力或更具策略性的地位。

這種結果似乎令人失望，然而值得注意的是，人力資源部門不只是一套技術性實務，而是遵循著危機時該採取哪些適當行動的共同價值觀，包括溝通的重要性、公平對待員工、給予員工尊嚴和尊重，以及管理者要秉持誠實與正直的精神行事。

第七章

結論

當本書完成時，世界正陷入新冠疫情中，這是一場影響公共衛生和全球經濟的危機，其挑戰遠遠超過人力資源管理的範疇。各個國家以不同的方式因應這場危機，舉例來說，英國和美國延長了社交隔離措施，而由於擔心破壞自由市場價值，失業救助機制變來變去，因此難以推行。另一方面，紐西蘭和其他一些歐陸國家，更迅速地支援員工和企業，在疫情初期就宣布實施嚴格的封鎖政策。

組織層級也有各種應變方式，作為一門學術科目的人力資源管理和人力資源職能，在新冠疫情中都是備受關注的焦點。隨著商業活動停擺，我們經歷了縮減規模、裁員和企業停業，此外還有其他比較有利於員工的作法，例如（部分）持續支付薪水、停止招聘、彈性的安排（遠距工作和彈性工時），以及減少非薪資性的支出。

本書中討論的所有人力資源管理議題，都因疫情期間員工沒有去上班而產生新變數，引發了一連串問題：什麼是工作場所？沒有去公司上班的員工如何行使發言權？要如何獎勵和激勵員工？如何管理員工福祉？如何維持工作場所的文化？人力資源管理專家必須努力處理這些問題，並迅速想出解決之道。

但我們看見的不只是人力資源管理的新轉折。在某種程度上，新冠疫情危機暴露了我們社會中已存在的現象，並突顯了這些現象的影響力。例如，我們發現在主流人力資源管理世界之外的工作者，例如自雇者（完全不在人力資源管理範圍內），以及那些在主要人力資源管理舞台上更邊緣的人——約聘人員、兼職、臨時工和其他不穩定的工作者，他們得不到足夠的支持。同時，這也揭露了那些低市場價值但對社會價值極高的基層工作者之間存在著巨大差異，例如清潔工和送貨司機等等。

新冠疫情加快了工作方式的重整，尤其是在先前未受數位化影響的產業中運用技術。新技術賦予人們在家工作的彈性，固然有助於讓工作變得更人性化，但也可能具有侵入性，被用於進行監視和控制。

同樣應該注意的是，在許多通俗文學裡能看見一個脈絡，在這個脈絡下普世力量影響著工作的世界（彷彿不存在人類能動性），但研究指出，工作場所中存在著相當大的不平衡，而國家的制度規劃對於整體趨勢的發展具有重大影響力。因此，舊有的人力資源管理模式正遭受侵蝕：任期長、薪水高、福利好的工作，還有基於員工忠誠度來換取工作保障的心理契約，逐漸被市場導向的僱傭關係所取代，包括有多個雇主的短期工作，以及將職業風險轉嫁到員工身上。

但社會和組織能做出選擇；在法國，禁止非工作時間發送電子郵件的措施就是一種嘗試，即所謂的「離線權」；在南韓，雖然工作時間長，但員工參與度低，獎勵主管不光是依據其產值，還要看他們的員工能多早回家；福斯汽車集團（Volkswagen）也曾在某些時段關閉發往員工行動電話的通訊。這些作法在管理本質上似乎是不太大的改變，但至少他們嘗試將幸福感和績效表現結合在一起，以期發展出有品質的工作生活來增進員工福祉。（圖六）

那麼，從事人力資源管理的人能做什麼，來減少工作中的非人性化呢？我們能否設計出更好的系統和實務，結合獲利能力和員工福祉，為雇主和員工創造

圖六　勞倫斯 史蒂芬 勞里，〈去上班〉（*Going to Work*）。

（圖片來源：The Picture Art Collection/Alamy Stock Photo）

出雙贏結果，讓員工不再將工作視為苦差事，而是發揮他們的潛力和獲得尊重？至少我們能創造出一個環境，讓員工覺得和老闆待在一起不是一週之中最糟的時光。或許需要減少關心健康計畫和瑜珈，多關注那些會讓幸福感下降的管理實務。同樣的，我們不希望忽略僱傭的集體層面以及決策選擇會面臨的爭議性範圍。

這不只事關好的管理者和不好的管理者，以及如何增進管理能力，還關係到如何構思一個通盤的策略，來思考員工的價值，以便將這些考量融入商業模式中。因此，採取積極態度、正當地進行人力資源管理，而不是採用低成本、壓榨員工的方法，這意味著必須擁有一個策略，將受過妥善訓練且樂於創新的員工納入其中，他們能為組織增加價值。這為更有抱負的人力資源管理方法奠定基礎，重要的是這能充分利用所有員工的才能，而不光在一個特定群組身上浪費注意力和資源。平等、多樣化和公平對於正常運作的工作場所至關重要，這也不是以犧牲員工利益為代價來創造股東最大價值。人力資源需要與所有利害關係人互動，而不只是與股東和高層管理者接觸。

在澳洲有一個具啟發的故事，說到如何在新冠疫情期間發掘人才。某家僱用了大量移工的洗衣店面臨生意暴跌的困境。公司求助於員工，詢問他們有沒有什麼辦法，結果發現該公司的二十五名移工總共有三十一個大學學位。他們的資格正好是公司需要協助的領域（資訊科技和品質保證）。公司選擇題拔員工擔任這些職位，而不是從外部找來額外的人力資源。

人力資源管理應該充利用人才和創造價值，並確保員工也分享到價值創造的成果，而不是只給股東享用。彼此都獲利的目標是有可能達到的，也是值得努力的目標。我們需要有基於諸如公平的價值觀，做出長期永續發展的貢獻。不管是好是壞，新冠疫情揭示了所有組織中人力資源管理的情況。這不是說顧客、利潤或股東不重要——沒有顧客和利潤就沒有工作，而是要確保兩者都被納入考量。人力資源管理應該成為長期商業發展策略的一部分，具備多重觀點並考量更廣泛的利害關係人，注重更長期的企業永續性，而非一種應急之道。人力資源管理不只關心策略，也關心員工福祉，並具有強烈的道德責任——這需要納入日常決策中。

在許多方面，我們希望看見人力資源管理文獻提到的內容：充分利用有才能的員工，為雇主和員工謀取利益。工作不穩定和在職貧窮的現實，似乎與人力資源管理的承諾相互矛盾。更正面或人性化的方法不只取決於雇主，也取決於公司治理和國家的主事者。

管理階層需要考慮到員工的才能，以及如何利用他們，而不是採取控制的方法，這麼做反而導致需要擔心和避免的事：如同印度學者蘇曼特拉．戈沙爾（Sumitra Ghoshal）所說的，運用監測、監控和權威會導致管理階層不信任員工，並形成一個惡性循環，進而認為需要更多的監視和控制。

> 由於管理者認為，員工的所有行為都是受到現有控制的影響，因此他們對員工產生了偏見。對員工來說，使用階層式控制意味著他們既不被信任，也不值得信賴，如果沒有這些控制就不會有適當的表現……態度逐漸疏離的可能後果之一是：從自願和完全的合作變成敷衍馬虎的順從。

這也許可以解釋為何「假性出勤」（presenteeism）依舊是一個有價值的想法：就像好萊塢電影大咖需要聽見打字聲，才能知道他的編劇正在工作；雅虎因為限制遠距工作而上了新聞；而《電訊報》（*Telegraph*）的員工發現，運動及位置感應器在他們不知情的情況下追蹤他們的行動，公司表面上說是為了確保空間的最佳運用。但新冠疫情期間，隨著在家工作成為常態，我們是否已經進入新的競技場？組織報告在這種情況下的生產力更高，這代表管理者需要重新思考他們對工作（和員工）的思維模式，採取更高信任度的方法。但也有組織正運用科技監控員工，例如使用Microsoft Teams或Slack等應用程式，那些沒有開啟程式或沒在上面活動的人，會被視為曠工或沒在工作。

同樣的，金融服務公司PwC開發出一種臉部辨識工具，當在家工作的員工離開他們的電腦螢幕時就會被記錄下來，據報導，這些員工被要求提供書面報告來解釋缺席的理由，包括去上洗手間。我們悲觀地注意到，即便在新冠疫情的高峰期（至少在英國），雇主仍不斷催促著要員工回到辦公室來「讓人看見」，即使他們在家也能把工作做好，這表示管理階層依舊對「在家工作」抱持懷疑態度，「假性出勤」現象依然存在且盛行！

所以儘管新冠疫情加速了即將發生的趨勢（在家工作、運用科技），但這只是暫時的干擾，還是將帶來更重大的轉變？是努力工作？還是幾乎不工作？生命浪費在沒有意義和尊嚴的工作時間中，是一件可悲的事，雖然身旁有很多具備技術和才能的人，然而他們實際上已經心不在焉，他們對日常工作失去了興趣，或乾脆辭職。某顧問公司的一份報告（CEB的全球人才監測〔Global Talent Monitor〕）顯示，只有百分之二十二的員工展現高度的自發性努力。

道德且公平的人力資源實務藉由多元和包含的態度，讓工作重新變得人性化。人們花費一大部分清醒的時間在工作，而人力資源管理有助於使這些工作生活變得更有價值。

參考書目&延伸閱讀

第一章

- Bryson, A., and Mackerron, G. (2017), 'Are you happy while you work?', *The Economic Journal*, 127(599), 106–25.
- Pollard, S. (1965), *The Genesis of Modern Management: A Study of the Industrial Revolution in Great Britain*, Edward Arnold, London.
- Bowden, B., and McMurray, A. (eds) (2020), *The Palgrave Handbook of Management History*, Palgrave Macmillan, Cheltenham.
- Wilkinson, A., Armstrong, S., and Lounsbury, M. (eds) (2017), *The Oxford Handbook of Management*, Oxford University Press, Oxford.
- Landes, D. (1983), *Revolution in Time: Clocks and the Making of the Modern World*, Belknap Press of Harvard University Press, Boston.
- Willman, P. (2014), *Understanding Management*, Cambridge University Press,

Cambridge.

- Gospel, H. (2019), 'Human resource management: a historical perspective', in Wilkinson, A., Bacon, N., Lepak, D., and Snell, S. (eds), *The Sage Handbook of Human Resource Management* (2nd edition), Sage, London.
- Drucker, P. (1954), *The Practice of Management*, Harper Row, New York, p. 238.
- Sisson, K. (2010), *Employment Relations Matters*, University of Warwick, Coventry.
- 本章和整本書的討論也參考了以下書籍：Wilkinson, A., Bacon, N., Snell, S., and Lepak, D. (2019), *The Sage Handbook of Human Resource Management* (2nd edition), Sage, London; Wilkinson, A., Dundon, T., and Redman, T. (eds), *Contemporary Human Resource Management* (6th edition), Sage, London; Marchington, M., Wilkinson, A., Donnelly, R., and Knogiou, A. (2020), *Human Resource Management at Work* (7th edition), CIPD, London. Ulrich, D. (1997), *Human Resource Champions: The Next Agenda for Adding Value and Delivering Results*, Harvard Business School Press, Boston; and Torrington, D., Hall, L.,

Taylor, S., and Atkinson, C. (2017), *Human Resource Management* (9th edition), FT Prentice Hall, London.

第11章

- Drucker, P. (1961), *The Practice of Management*, Mercury, London, pp. 269–70, quoted in Legge, K. (1995), *Human Resource Management: Rhetorics and Realities*, Macmillan, Basingstoke, p. 6.
- Walton, R. A. (1985), ‘From control to commitment in the workplace’, *Harvard Business Review*, 63(2), 77–84, p. 77.
- Beer, M., Spector, B., Lawrence, P., Mills, Q., and Walton, R. (1984), *Managing Human Assets*, The Free Press, New York, pp. 49–61.
- Fombrun, C., Tichy, N., and Devanna, M. (1984), *Strategic Human Resource Management*, Wiley, New York.

- Powell, T. C. (2017), 'Strategy as diligence: putting behavioral strategy into practice', *California Management Review*, 59(3), 162–90.
- Sull, D., Sull, C., and Yoder, J. (2018), 'No one knows your strategy—not even your top leaders', *MIT Sloan Management Review* (Summer), 1–11.
- Huselid, M. A. (1995), 'The impact of human resource management practices on turnover, productivity, and corporate financial performance', *Academy of Management Journal*, 38, 635–72.
- Ichniowski, C., Kochan, T., Levine, D., Olson, O., and Strauss, G. (1996), 'What works at work', *Industrial Relations*, 35(3), 299–333.
- Appelbaum, E., Bailey, T., Berg, P., and Kalleberg, A. (2000), *Manufacturing Competitive Advantage: The Effects of High Performance Work Systems on Plant Performance and Company Outcomes*, Cornell University Press, New York.
- Pfeffer, P. (1998), *The Human Equation*, Harvard Business School Press, Boston.
- Purcell, J. (1999), 'Best practice and best fit: chimera or cul-de-sac?', *Human*

Resource Management Journal, 9(3), 26–41, p. 36.

- Barney, J. (1995), 'Looking inside for competitive advantage', *Academy of Management Executive*, 9(4), 49–61.
- Mueller, F. (1996), 'Human resources as strategic assets: an evolutionary resource-based theory', *Journal of Management Studies*, 33(6), 757–85.
- Boxall, P. (2018), 'The development of strategic HRM: reflections on a 30-year journey', *Labour & Industry: A Journal of the Social and Economic Relations of Work*, 28(1), 21–30.
- Boxall, P. (2012), 'High-performance work systems: what, why, how and for whom?', *Asia Pacific Journal of Human Resources*, 50, 169–86.
- Godard, J. (2020), 'Labor and employment practices: the rise and fall of the new managerialism', in Bowden, B., and McMurray, A. (eds), *The Palgrave Handbook of Management History*, Palgrave Macmillan, Cheltenham.
- Kaufman, B. E. (2020), 'The real problem: the deadly combination of

psychologisation, scientism, and normative promotionalism takes strategic human resource management down a 30-year dead end', *Human Resource Management Journal*, 30, 49–72.

第11章

- Lee, Q., Townsend, K., and Wilkinson, A. (2020), 'Frontline managers' implementation of the formal and informal performance management systems', *Personnel Review*, DOI 10.1108/PR-11-2019-0639.
- Whyte, W. (1960), *The Organization Man*, Simon & Schuster, New York.
- Redman, T., Wilkinson, A., and Snape, E. (1997), 'Stuck in the middle? Managers in building societies', *Work, Employment and Society*, 11(1), 101–14.
- Schein, E. (1986), *Organisational Culture and Leadership*, Jossey Bass, Hoboken, NJ.

- Townsend, K., Wilkinson, A., Bamber, G., and Allan, C. (2012), 'Accidental, unprepared, and unsupported: clinical nurses becoming managers', *The International Journal of Human Resource Management*, 23(1), 204–20.
- Wilkinson, A., Marchington, M., Goodman, J., and Ackers, P. (1993), 'Refashioning industrial relations: the experience of a chemical company over the last decade', *Personnel Review*, 22(2), 22–38.
- Purcell, J., and Kinnie, N. (2007). 'HRM and business performance', in Boxall, P. F., Purcell, J., and Wright, P. (eds), *The Oxford Handbook of Human Resource Management*. Oxford University Press, pp. 533–51.
- Woodrow, C., and Guest, D. (2014), 'When good HR gets bad results: exploring the challenge of HR implementation in the case of workplace bullying', *Human Resource Management Journal*, 24(1), 38–56.
- Ackroyd, S., and Crowdy, P. (1990), 'Can culture be managed? Working with "raw" material: the case of the English slaughtermen', *Personnel Review*, 19(5), 3–13.

- Hamper, B. (1991), *Rivethead: Tales from the Assembly Line*, Warner Books, New York.
- Grugulis, I., and Wilkinson, A. (2002), 'Managing culture at British Airways: hype, hope and reality', *Long Range Planning*, 35(2), 179–94.
- Wood, A. (2020), *Despotism on Demand: How Power Operates in the Flexible Workplace*, Cornell University Press, Ithaca, NY.
- Wilkinson, A., Barry, M., Kaufman, B., and Gomez, R. (2018), *Taking the Pulse at Work: Employer–Employee Relations and Workplace Problems in Australia Compared to the United States*, Centre for Work, Organisation and Wellbeing, Griffith University, Brisbane.
- Wilkinson, A., Barry, M., Gomez, R., and Kaufman, B. E. (2018), 'Taking the pulse at work: an employment relations scorecard for Australia', *Journal of Industrial Relations*, 60(2), 145–75.

第四章

- Lawler, E. (1995), 'The new pay: a strategic approach', *Compensation & Benefits Review*, 27(4), 14–22.
- World at Work (2015), *The World at Work Handbook of Compensation, Benefits and Total Rewards*, John Wiley & Sons, Chichester.
- MacRae, I., and Furnham, A. (2017), *Motivation and Performance: A Guide to Motivating a Diverse Workforce*, Kogan Page, London.
- Kerr, S. (1995), 'On the folly of rewarding A, while hoping for B', *The Academy of Management Executive*, 9(1), 7–14.
- Bryson, A., and MacKerron, G. (2017), 'Are you happy while you work?', *The Economic Journal*, 127(599), 106–25.
- Whyte, W. (1955), *Money and Motivation: An Analysis of Incentives in Industry*,

Harpur, New York.
- Donkin, R. (2001), *Blood, Sweat and Tears: The Evolution of Work*, Texere Publishing, New York.
- Roy, D. (1952), 'Quota restriction and goldbricking in a machine shop', *American Journal of Sociology*, 57, 478–85.
- Maslow, A. (1954), *Motivation and Personality*, Harper & Row, New York.
- Schein, E. (1988), *Organizational Psychology*, Prentice Hall, New Jersey.
- Herzberg, F. (1968), *Work and the Nature of Man*, Staples Press, London.
- Kohn, A. (2018), *Punished by Rewards: The Trouble with Gold Stars, Incentive Plans, A's, Praise, and Other Bribes*, Houghton Mifflin, Boston.
- Pink, D. (2009), *Drive*, Riverhead Books, NY.
- Rock, D., Davis, J., and Jones, B. (2014), 'Kill your performance ratings', *strategy+business*, 76.
- Sharot, T. (2017), 'What motivates employees more: rewards or punishments?',

Harvard Business Review (May),<https://hbr.org/2017/09/what-motivates-employees-morerewards-or-punishments>.

- Whyte, S. (2020), "Great Instagram moment': McCormack says Australians should pick fruit for photo ops', *The Canberra Times*, September.
- Ferguson, A. (2018), 'Dollarmites bites: the scandal behind the Commonwealth Bank's junior savings program', *Sydney Morning Herald*, May.
- Lazear, E. (1995), *Personnel Economics*, MIT Press, London.
- Janofsky, M. (1993), 'Domino's ends fast-pizza pledge after big award to crash victim', *New York Times*, 22 December.
- Parkinson, H. (2019), 'Parcel in the toilet: why you should never blame the delivery driver', *Guardian*, 28 March 2019.
- Orsini, J. N. (1987), 'Bonuses: what is the impact?', *National Productivity Review*, 6(2), 180–4.
- BBC (2013), 'Police fix crime statistics to meet targets, MPs told BBC', 19

November.

- Smith, A. (1776), *An Inquiry into the Nature and Causes of the Wealth of Nations*, par. I.2.2.
- Crace, J. (2019), 'Stockpiles of despair at record levels after another week of Brexit', *Guardian*, 1 February.
- Kruger, J., and Dunning, D. (1999), 'Unskilled and unaware of it: how difficulties in recognizing one's own incompetence lead to inflated self-assessments', *Journal of Personality and Social Psychology*,77, 1121–34.
- Scullen, S. E., Mount, M. K., and Goff, M. (2000), 'Understanding the latent structure of job performance ratings', *Journal of Applied Psychology*, 85(6), 54–60.
- Buckingham, M., and Goodall, A. (2015), 'Reinventing performance management', *Harvard Business Review*, April 2015 issue, viewed 5 May 2020, <https://hbr.org/2015/04/reinventing-performance-management >.
- Deming, W. E. (1986), *Out of the Crisis*, MIT Press, London.

- Pulakos, E., Mueller-Hanson, R., and Arad, S. (2019), 'The evolution of performance management: searching for value', *Annual Review of Organizational Psychology and Organizational Behavior*, 6(1), 249–71.
- Redman, T. (2001), 'Performance appraisal', in Redman, T., and Wilkinson, A. (eds), *Contemporary Human Resource Management*, Pearson, London.
- Treo, G. (1973), 'Management style a la francaise', *European Business* (Autumn), 71–9.
- CIPD (2020), 'Top bosses' pay overtakes average worker's entire 2020 pay in just 3 days', https://www.cipd.co.uk/about/media/press/high-pay-day-2020#gref.
- O'Connor, S. (2019), 'A minimum wage is pointless if we don't enforce it', *Prospect Magazine*, 30 January.
- CIPD, 'Gender pay gap reporting | Topic page | CIPD', https://www.cipd.co.uk/about/who-we-are/cipd-pay-gap-reports/gender#gref.
- Grimshaw, D., and Rubery, J. (2007), 'Undervaluing women's work', Equal

Opportunities Commission Manchester, Working Paper Series No. 53. http://www.equalityhumanrights.com/uploaded_files/equalpay/undervaluing_womens_work.pdf.

- Hebson, G., and Rubery, J. (2018), 'Employment relations and gender equality', in Wilkinson, A., Dundon, T., Donaghey, J., and Colvin, A. (eds), *The Routledge Companion to Employment Relations*, Abingdon, Routledge, pp. 93–107.
- Goldin, C. (2017), 'How to win the battle of the sexes over pay (hint: it isn't simple)', *The New York Times*, 10 November 2017, viewed 5 May 2020, <https://www.nytimes.com/2017/11/10/business/how-to-win-the-battle-of-the-sexes-over-pay-.html>.
- Cha, Y., and Weeden, K. (2014), 'Overwork and the slow convergence in the gender gap in wages', *American Sociological Review*, 79(3), 457–84.
- AHRI (2012), 'An interview with Professor Wayne Cascio', 27 June 2012, hrmonline.com.au.
- Martinez Lucio, M., and McBride, J. (2020), 'Recognising the value and significance

of cleaning work in a context of crisis'.

第五章

- Syed, M. (2016), *Black Box Thinking*, John Murray Press, London.
- Munsterberg, H. (1913), *Psychology and Industrial Efficiency*, Houghton Mifflin Co., Boston.
- Basset, W. (1919), *When the Workmen Help you Manage*, Century Co., New York.
- Mayo, E. (1933), *The Human Problems of an Industrial Civilization*, Arno Press, New York.
- Kaufman, B. (2020), 'Employee voice before Hirschman: its early history, conceptualization and practice', in Wilkinson, A., et al.(eds), *Handbook of Employee Voice* (2nd edition), Edward Elgar, Cheltenham, pp. 17–35.
- Peters, T. (1989), *Thriving on Chaos: Handbook for a Management Revolution*,

Knopf Publishing, New York.

- Schonberger, R. (1990), *Building a Chain of Customers: Linking Business Function to Create a World-Class Company*, The Free Press, New York.
- Kanter, R. (1989), 'The new managerial work', *Harvard Business Review*, 66, 85–92.
- Semler, R. (1993), *Maverick! The Success Story Behind the World's Most Unusual Workplace*, Warner Books, New York.
- Wyatt, W. (2009), *Continuous Engagement: The Key to Unlocking the Value of Your People During Tough Times, Work Europe Survey 2008–2009*, London.
- Clark, L. (2016), 'Why a new pair of jeans may be more compelling than employee engagement', *Blessing White eNews* (May), viewed 1 June 2020, <https://blessingwhite.com/new-pair-jeans-may-compelling-employee-engagement/>.
- Blackburn, R., and Mann, M. (1979), *The Working Class in the Labour Market*, Palgrave Macmillan, London.

- Henley, J. (2016), ‘Long lunch: Spanish civil servant skips work for years without anyone noticing’, *Guardian*, 13 February, viewed 1 June 2020.
- Goodrich, C. (1975), *The Frontier of Control*, Pluto Press, New York.
- Barry, M., and Wilkinson, A. (2016), ‘Pro-social or pro-management? A critique of the conception of employee voice as a pro-social behaviour within organizational behaviour’, *British Journal of Industrial Relations*, 54, 261–84.
- Philips, D. (1994), ‘Culture may play a role in flight safety’, *Washington Post*, 22 August, viewed 1 June 2020, <https://archive.seattletimes.com/archive/?date=19940822&slug=1926593>.
- Yong, J., and Wilkinson, A. (1999), ‘The state of total quality management: a review’, *The International Journal of Human Resource Management*, 10(1), 137–61.
- Hirschman, A. (1970), *Exit, Voice, and Loyalty: Responses to Decline in Firms, Organizations, and States*, Harvard University Press, Cambridge.
- Hinsliff, G. (2017), ‘Theresa May won’t survive long. Tory modernisers are already

plotting', *Guardian*, 10 June 2017.

- Alvesson, M., and Spicer, A. (2012), 'A stupidity-based theory of organizations', *Journal of Management Studies*, 49(7), 1194–220.
- Jackall, R. (1988), *Moral Mazes: The World of Corporate Managers & Mazes*, Oxford University Press, New York, pp. 109–10.
- Black, S., and Lynch, L. (2004), 'What's driving the new economy? The benefits of workplace innovation', *The Economic Journal*,114(493), F97–F116.
- Kochan, T. (2016), 'The Kaiser Permanente labour–management partnership: 1997–2013', in Johnstone, S., and Wilkinson, A. (eds), *Developing Positive Employment Relations*, Palgrave Macmillan, London, pp. 249–80.
- Johnstone, S., and Wilkinson, A. (2018), 'The potential of labour management partnership: a longitudinal case analysis', *British Journal of Management*, 29, 554–70.
- Donaghey, J., Cullinane, N., Dundon, T., and Wilkinson, A. (2011),

'Reconceptualising employee silence: problems and prognosis', *Work, Employment and Society*, 25(1), 51–67.

- Duhigg, C. (2014), *The Power of Habit: Why We Do What We Do in Life and Business*, Random House Publishing, New York.
- Royle, T. (2001), *Working for McDonald's in Europe: The Unequal Struggle*, Routledge, London.
- Wilkinson, A., Townsend, K., Graham, T., and Muurlink, O. (2015), 'Fatal consequences: an analysis of the failed employee voice system at the Bundaberg Hospital', *Asia Pacific Journal of Human Resources*, 53(3), 265–80.
- James, J. (2013), 'A new, evidence-based estimate of patient harms associated with hospital care', *Journal of Patient Safety*, 9(3), 122–8.
- Kelly, A., and Grant, H. (2019), 'Jailed for a Facebook post: garment workers' rights at risk during Covid-19', *Guardian*, 16 June 2020.
- Passa, D. (2019), 'Rugby Australia to terminate Folau deal after anti-gay post', *ABC*

News, 11 April 2019.

第六章

- Dobbins, T., and Wilkinson, A. (2020), 'Downsizing', in Wilkinson, A., Dundon, T., and Redman, T. (eds), *Contemporary Human Resource Management* (6th edition), Sage, London.
- Burrell, G. (1997), *Pandemonium: Towards a Retro-organization Theory*, Sage, London.
- Wilkinson, A. (2005), 'Downsizing, rightsizing or dumbsizing? Quality, human resources and the management of sustainability', *Total Quality Management & Business Excellence*, 16(8–9), 1079–88.
- ILO (2020), *ILO Monitor 2nd edition: COVID-19 and the World of Work*, ILO, Geneva, April 7.

- Frone, M. R., and Blais, A.-R. (2020), 'Organizational downsizing, work conditions, and employee outcomes: identifying targets for workplace intervention among survivors', *International Journal of Environmental Research and Public Health*, 17, 719.
- Sahdev, K. (2003), 'Survivors' reactions to downsizing: the importance of contextual factors', *Human Resource Management Journal*, 13(4), 56–74.
- Forbes, M. K., and Krueger, R. F. (2019), 'The Great Recession and mental health in the United States', *Clinical Psychological Science*, 7(5), 900–13.
- Stebbins, M. (1989), 'Downsizing with "mafia model consultants"', *Business Forum* (Winter), 45–7.
- Garfield, A. (1999), 'Barclays shares soar as city welcomes job cuts', *The Independent*, 21 May.
- Cascio, W. (1993), 'Downsizing: what do we know, what have we learned?', *Academy of Management Executive*, 7(1), 95–104.

- Cascio, W. F., Chatrath, A., and Christie-David, R. A. (2020), 'Antecedents and consequences of employment and asset restructuring', *Academy of Management Journal*, DOI 10.5465/amj.2018.1013.
- Budros, A. (1999), 'A conceptual framework for analyzing why organizations downsize', *Organization Science*, 10(1), 69–81.
- De Meuse, K., Bergmann, T., and Vanderheiden, P. (1997), 'Corporate downsizing: separating myth from fact', *Journal of Management Inquiry*, 6(2), 168–76.
- McCune, J. T., Beatty, R. W., and Montagno, R. V. (1988), 'Downsizing: practices in manufacturing firms', *Human Resource Management*, 27, 145–61, DOI 10.1002/hrm.3930270203.
- Hammer, M. (1996), *Beyond Re-engineering*, Harper, New York.
- Cole, R. (1993), 'Learning from learning theory: implications for quality improvement of turnover, use of contingent workers, and job rotation policies', *Quality Management Journal*, 1(1), 9–25.

- Mellahi, K., and Wilkinson, A. (2010), 'Slash and burn or nip and tuck? Downsizing, innovation and human resources', *International Journal of Human Resource Management*, 21(13), 2291–305.
- Young, G. (2015), 'New black sheriff sacks opponents', *Guardian*, 13 May.
- Peterson, H. (2015), 'Wal-Mart laid off 2,200 workers, then told them to avoid chocolate and alcohol', *Yahoo Finance*, 1 May, viewed 21 May 2020.
- Tyler, M., and Wilkinson, A. (2007), 'The tyranny of corporate slenderness: "corporate anorexia" as a metaphor for our age', *Work, Employment and Society*, 21(3), 537–49.
- Johnson, B. (2008), 'Electric car manufacturer hit by financial crisis', *Guardian*, 16 October 2008.
- Chadwick, C., Hunter, L., and Walston, S. (2004), 'Effects of downsizing practices on the performance of hospitals', *Strategic Management Journal*, 25(5), 405–27.
- Brockner, J., Grover, S., Reed, T., DeWitt, R., and O'Malley, M. (1987), 'Survivors'

reactions to layoffs: we get by with a little help from our friends', *Administrative Science Quarterly*, 32, 526–42.

- Cappelli, P. (2009), 'Alternatives to layoffs', HR Executive Online.
- Cameron, K. S., Freeman, S. J., and Mishra, A. K. (1993), 'Downsizing and redesigning organizations', in Huber, G., and Glick, W. (eds), *Organisational Change and Redesign*, Oxford University Press, New York, pp. 19–63.
- Cameron, K. S. (1994), 'Strategies for successful organizational downsizing', *Human Resource Management*, 33(2), 189–211.
- Welch, J. (2001), *What I've Learned Leading a Great Company and Great People*, Headline Book Publishing, London.
- Desai, S. D., Brief, A. P., and George, J. (2009), 'Meaner Managers: A Consequence of Income Inequality', in Kramer, R., Bazerman, M., and Tenbrunsel, A. (eds), *Social Decision Making: Social Dilemmas, Social Values, and Ethical Judgments*, Taylor & Francis, New York,pp. 315–34.

- Batt, R. (2018), ‘The financial model of the firm, the ‘future of work’, and employment relations’, in Wilkinson, A., Dundon, T., Donaghey, J., and Colvin, A. (eds), *The Routledge Companion to Employment Relations*, Routledge, Abingdon, pp. 467–79.
- Tabuchi, H. (2013), illegal-japan-workers-are-sent-to-the-boredomroom, <https://www.nytimes.com/2013/08/17/business/global/layoffs-illegal-japan-workers-are-sent-to-the-boredom-room.html>.
- Cascio, W. (2002), ‘Strategies for responsible restructuring’, *Academy of Management Executive*, 16, 80–91.
- Cascio, W. (2014), ‘Investing in HR in uncertain times now and in the future’, *Advances in Developing Human Resources*, 16(1), 108–22.
- McAllister, T. (2001), ‘Thomas Cook cuts jobs and pay’, *Guardian*, 1 November, viewed 21 May 2020, <https://www.theguardian.com/business/2001/nov/01/travelnews.travel>.

- Kaufman, B. E. (2012), ‘Wage theory, new deal labor policy, and the great depression: were government and unions to blame?’, *ILR Review*, 65(3), 501–32.
- Van Wanrooy, B., Bewley, H., Bryson, A., Forth, J., Freeth, S., Stokes, L., and Wood, S. (2013), *Employment Relations in the Shadow of Recession: Findings from the Workplace Employment Relations Study*, Palgrave Macmillan, Basingstoke.
- Johnstone, S. (2019), ‘Employment practices, labour flexibility and the great recession: an automotive case study’, *Economic and Industrial Democracy*, 40(3), 537–59.
- Johnstone, S., and Wilkinson, A. (2018), ‘The potential of labour management partnership: a longitudinal case analysis’, *British Journal of Management*, 29, 554–70.
- Farrell, M., and Mavondo, F. (2004), ‘The effect of downsizing strategy and reorientation strategy on a learning orientation’, *Personnel Review*, 33(4), 383–402.
- Roche, W., and Teague, P. (2012), ‘Business partners and working the pumps: human resource managers in the recession’, *Human Relations*, 65(10), 1333–58.

第七章

- Dobbins, T., Johnstone, S., Kahancova, M., Lamare, R., and Wilkinson, A. (2022), 'Comparative impacts of the COVID-19 crisis on work and employment', *Industrial Relations: A Journal of Economy and Society*.
- Collings, D. G., Nyberg, A. J., Wright, P. M., and McMackin, J. (2021), 'Leading through paradox in a COVID-19 world: human resources comes of age', *Human Resource Management Journal*, 2021, 1–15.<https://onlinelibrary.wiley.com/doi/pdf/10.1111/1748-8583.12343>.
- Butterick, M., and Charlwood, A. (2021), 'HRM and the COVID-19 pandemic: How can we stop making a bad situation worse?', *Human Resource Management Journal*, 31(4), 847–56.
- Winton, A., and Howcroft, D. (2020), 'What COVID-19 tells us about the value of

human labour'.

- Wilkinson, A., Barry, M., Gomez, R., and Kaufman, B. E. (2018),'Taking the pulse at work: an employment relations scorecard for Australia', *Journal of Industrial Relations*, 60(2), 145–75.
- Guest, D. (2017), 'Human resource management and employee well-being: towards a new analytic framework', *Human Resource Management Journal*, 27(1), 22–38.
- Marchington, M. (2015), 'Human resource management (HRM): too busy looking up to see where it is going longer term?', *Human Resource Management Review*, 25(2), 176–87.
- Pfeffer, J. (2018), *Dying for a Paycheck*, Harper Publishing, New York.
- Bentley, T. (2019), 'NZ workplace study shows more than quarter of employees feel depressed much of the time', *The Conversation*, 21 August, viewed 10 June, <https://theconversation.com/nz-workplace-study-shows-more-than-quarter-of-employees-feeldepressed-much-of-the-time-118989>.

- Ross, S. (2020), ‘Commercial laundry discovers it has 25 migrant workers with 31 untapped degrees’, *ABC News*, 1 October.
- Ghoshal, S. (2005), ‘Bad management theories are destroying good management practices’, *Academy of Management Learning and Education*, 4(1), 75–91, p. 85.
- Fleming, P. (2016), ‘How managers came to rule the workplace’, *Guardian*, 21 November, viewed 10 June, <https://www.theguardian.com/careers/2016/nov/21/how-managers-came-to-rule-the-workplace>.
- Florentine, S. (2016), ‘Stop your workers from ‘quitting in their seats’’, *CIO*, 25 July 2016.
- Kochan, T. (2015), *Shaping the Future of Work: What Future Worker, Business, Government, and Education Leaders Need to Do for All to Prosper*, Business Expert Press, New York.
- Ulrich, D., and Yeung, A. (2019), *Reinventing the Organization*, Harvard Business Review Press, Boston.

國家圖書館出版品預行編目(CIP)資料

人力資源管理：僱傭關係與組織競爭力／亞德里安・威爾金森（Adrian Wilkinson）著；林金源譯. -- 初版. -- 新北市：日出出版：大雁出版基地發行, 2024.02
200面；15×21公分
譯自：Human resource management : a very short introduction
ISBN 978-626-7382-81-3（平裝）

1.CST: 人力資源管理

494.3 113000809

人力資源管理：僱傭關係與組織競爭力

Human Resource Management: A Very Short Introduction

作　　者　亞德里安・威爾金森（Adrian Wilkinson）
譯　　者　林金源
責任編輯　夏于翔
封面設計　萬勝安
內頁排版　李秀菊
發 行 人　蘇拾平
總 編 輯　蘇拾平
副總編輯　王辰元
資深主編　夏于翔
主　　編　李明瑾
業務發行　王綬晨、邱紹溢、劉文雅
行銷企劃　廖倚萱
出　　版　日出出版
　　　　　地址：231030新北市新店區北新路三段207-3號5樓
　　　　　電話（02）8913-1005　傳真：（02）8913-1056
發　　行　大雁出版基地
　　　　　地址：231030新北市新店區北新路三段207-3號5樓
　　　　　電話（02）8913-1005　傳真：（02）8913-1056
　　　　　讀者服務信箱 andbooks@andbooks.com.tw
　　　　　劃撥帳號：19983379　戶名：大雁文化事業股份有限公司
初版一刷　2024年2月
定　　價　450元

ISBN 978-626-7382-81-3